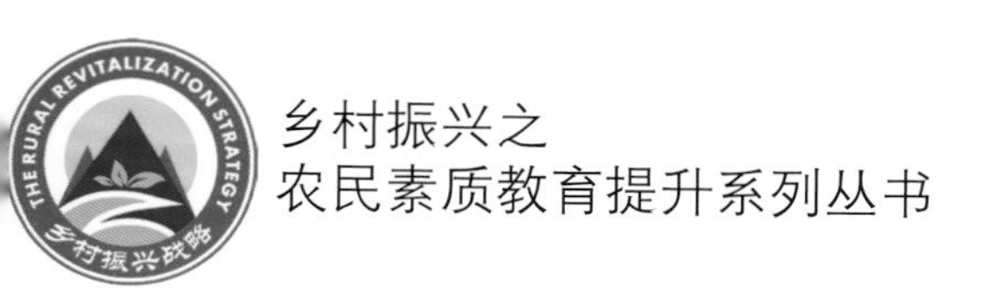

乡村振兴之
农民素质教育提升系列丛书

食用菌高效种植技术
与病虫害防治图谱

◎ 贾天慧　陈秀华　王志龙　主编

中国农业科学技术出版社

图书在版编目（CIP）数据

食用菌高效种植技术与病虫害防治图谱 / 贾天慧，陈秀华，王志龙主编. —北京：中国农业科学技术出版社，2020. 10

ISBN 978-7-5116-4791-7

Ⅰ. ①食… Ⅱ. ①贾… ②陈… ③王… Ⅲ. ①食用菌—蔬菜园艺—图谱 ②食用菌—病虫害防治—图谱 Ⅳ. ①S646-64 ②S436.46-64

中国版本图书馆 CIP 数据核字（2020）第 098785 号

责任编辑 张志花
责任校对 李向荣

出 版 者 中国农业科学技术出版社
北京市中关村南大街12号 邮编：100081
电 话 （010）82106636（编辑室） （010）82109702（发行部）
（010）82109709（读者服务部）
传 真 （010）82106631
网 址 http: // www.castp.cn
经 销 者 各地新华书店
印 刷 者 北京地大天成文化发展有限公司
开 本 143mm×210mm 1/32
印 张 4
字 数 105千字
版 次 2020年10月第1版 2020年10月第1次印刷
定 价 32.00元

《食用菌高效种植技术与病虫害防治图谱》

编委会

主　编　贾天慧　陈秀华
　　　　王志龙

副主编　宋珊珊　陈喜坤
　　　　高兴兰

编　委　何军锋　刘　林
　　　　刘红玉　李建新

前　言

近年来，我国食用菌栽培规模不断扩大。同时，食用菌病虫害发生情况也越来越严重，并成为制约其发展的一个重要原因。

由于病虫防控技术要求高，时效性强，加之目前我国从事农业生产的劳动者，多数不具备病虫害识别能力，因混淆病虫害而错用或误用农药造成防效欠佳、残留超标、污染加重的情况时有发生，迫切需要一部图文并茂、浅显易懂的专业图书，来指导农民科学防控病虫害。鉴于此，我们组织全国各地经验丰富的培训教师编写了一套病虫害防治图谱。

本书为《食用菌高效种植技术与病虫害防治图谱》，首先从食用菌的概念和特点、食用菌栽培材料、食用菌生产设备与设施、食用菌制种工艺等方面对食用菌栽培技术进行了概述；接着对香菇、平菇、金针菇和黑木耳的高效栽培技术进行了介绍；最后精选了对食用菌产量和品质影响较大的13种侵染性病害、6种生理性病害和14种虫害，以彩色照片配合文字辅助说明的方式从病虫害（为害）特征、发生规律和防治方法等进行讲解。

本书图文并茂、通俗易懂、科学实用，适合各级农业技术人员和广大农民阅读，也可作为植保科研、教学工作者的参考用书。需要说明的是，书中病虫害的农药使用量及浓度，可能会因为食用菌的生长区域、品种特点及栽培方式的不同而有一定的区别。在实际使用中，建议以所购买产品的使用说明书为标准。

由于时间仓促，水平有限，书中存在的不足之处，欢迎指正，以便再版时修订。

编　者

2020年5月

目 录

第一章　食用菌栽培技术概述

一、食用菌的概念和特点

（一）食用菌的概念

食用菌是指可供人们食用的具有肉质或胶质子实体的大型真菌。食用菌种类繁多，俗称“菇”“蕈”“菌”“蘑”“耳”“芝”等，诸如白灵菇、茶树菇、香菇、鸡腿菇、姬松茸、金针菇、银耳、蛹虫草、天麻、冬虫夏草、猴头菌、赤芝、竹荪、茯苓等（图1-1至图1-14）。全球有约2 000种，中国有981种，其中人工栽培100多种，具有商业价值的有20多种，工厂化生产6～7种。

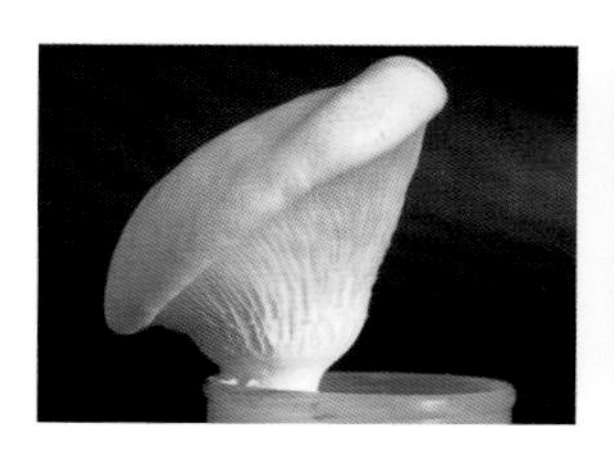

图1-1　白灵菇

图1-2　茶树菇

图1-3　香菇

图1-4　鸡腿菇

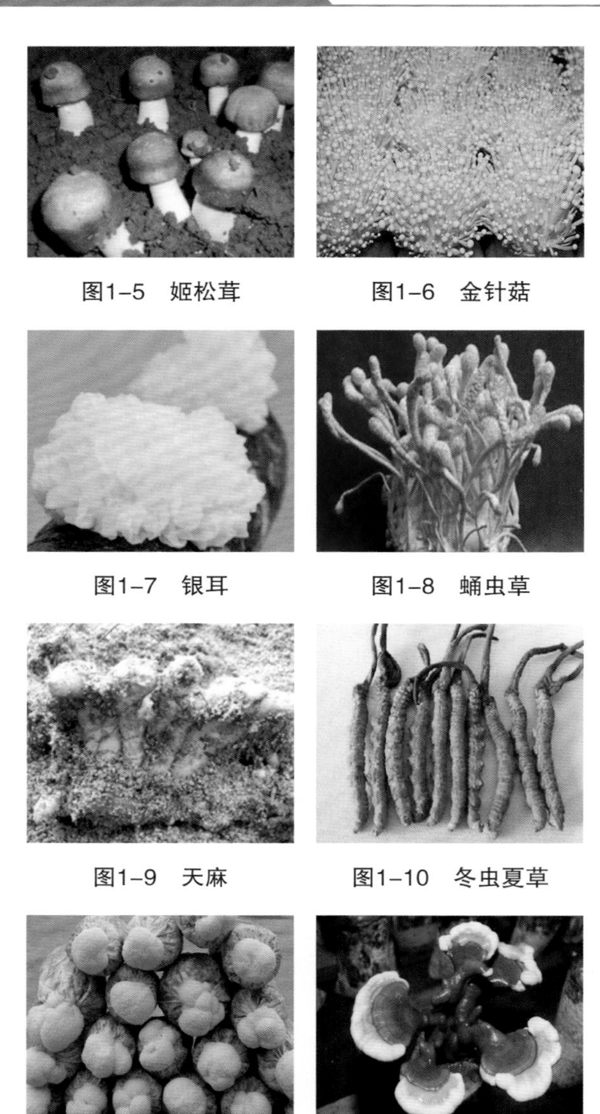

图1-5　姬松茸

图1-6　金针菇

图1-7　银耳

图1-8　蛹虫草

图1-9　天麻

图1-10　冬虫夏草

图1-11　猴头菌

图1-12　赤芝

图1-13　竹荪　　　　图1-14　茯苓

（二）食用菌的特点

食用菌作为大型真菌，具有如下特点。

第一，不含叶绿素，不能进行光合作用，无根、茎、叶的分化，必须依靠分解自然界存在的多种有机物来进行生长，属异养生物。

第二，食用菌的子实体个体较大，属于大型真菌，如木耳的子实体宽2～12厘米，香菇菌盖宽5～21厘米，菌柄长1～5厘米。

第三，大多数食用菌的生产周期较短，如草菇从播种到出菇只需7～10天，30天可结束生产；平菇下种后30天即可出菇，收4茬菇，半年即可结束生产。

二、食用菌栽培材料

（一）食用菌栽培材料

1. 栽培主料

主料为菌丝生长提供纤维素、半纤维素、木质素等碳素营养。主料来源十分广泛，农、林下脚废料均可作为栽培食用菌的主料，如玉米芯、木屑、棉籽壳、稻草、棉秆、麦秆、玉米秆、莲籽壳、豆壳、豆秆、花生壳、花生秆、甘蔗渣、野草等（图1-15至图1-18）。值得注意的是不同的品种对原料的要求有所不同，不同的原料栽培的产量也不同，多种原料可混合使用；

松、杉、柏、樟等树种，因含有抑制性物质，不能直接作为生产原料。从整体情况看，棉籽壳是最普遍、最适用的原料，也是产量最高的栽培原料。

2. 栽培辅料

辅料为菌丝生长提供氮素营养和无机盐，能使菌丝生长得更快、更好，主要的栽培辅料有麦麸、石膏粉、米糠、玉米粉、棉粕、豆饼粉、菜饼粉、动物粪便、蛋白胨、维生素、尿素、硫铵、糖类、轻钙粉、磷酸二氢钾、硫酸镁、石灰等（图1-19、图1-20）。

图1-15　玉米芯

图1-16　木屑

图1-17　棉籽壳

图1-18　稻草

图1-19　麦麸

图1-20　石膏粉

3. 其他材料

除栽培主料和辅料外，食用菌栽培材料还包括塑料袋、塑料筒膜、塑料套环、菌种瓶、接种用具等菌需物资（图1–21、图1–22）。

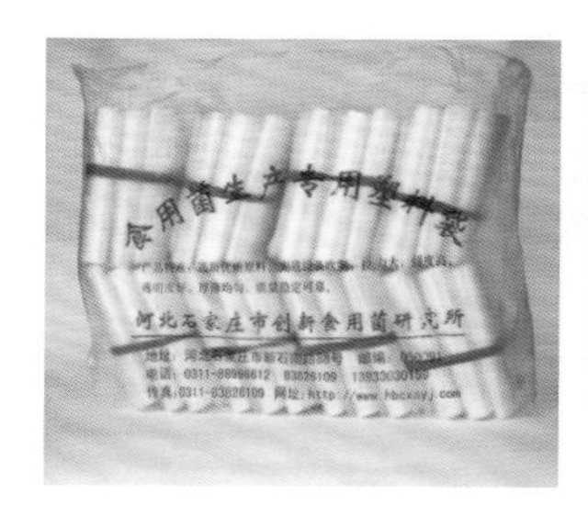

图1–21 食用菌菌袋

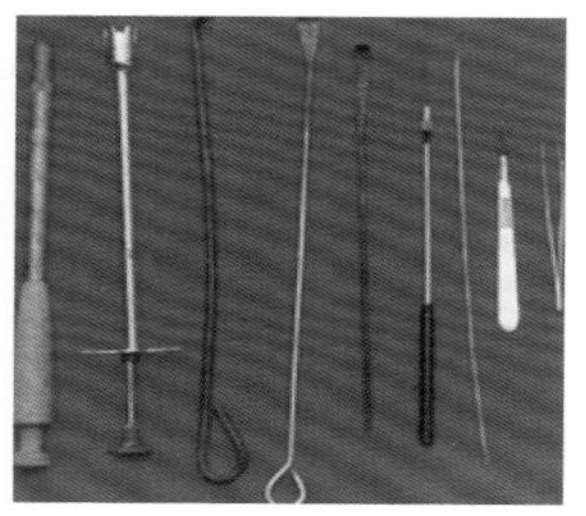

图1–22 食用菌接种工具

（二）食用菌培养料的碳氮比

各种食用菌在生长发育过程中不仅需要外界提供给它足够的碳源和氮源，而且还要求碳源和氮源之间的比例要恰当，例如，草菇和双孢蘑菇菌丝体生长所需的C/N分别为20∶1和17∶1。在实际应用中，由于各地所采用的原料不同，碳、氮的含量也有所差异。因此，应根据主要原料的用量，按上述比例要求，求出所需要添加的辅助氮源的用量（表1–1），再补充适量的石膏和过磷酸钙，即可进行堆料。

表1–1 食用菌各种培养料的碳氮比

培养料	C含量（%）	N含量（%）	C/N
棉籽壳	56.00	2.03	22.30
稻草	45.39	0.63	72.58
木屑	49.18	0.10	491.80

（续表）

培养料	C含量（%）	N含量（%）	C/N
栎落叶	49.00	2.00	24.50
大麦草	47.09	0.64	73.58
小麦草	47.03	0.48	98.00
玉米秆	43.30	1.67	26.00
谷壳	41.64	0.64	65.06
马粪	11.60	0.55	21.09
猪粪	25.00	0.56	44.64
黄牛粪	38.60	1.78	21.70
水牛粪	39.78	1.27	31.32
奶牛粪	31.79	1.33	23.90
羊粪	16.24	0.65	24.98
兔粪	13.71	2.10	6.52
鸡粪	4.10	1.30	3.15
纺织屑	59.00	2.32	35.43
沼气肥	22.00	0.70	31.43
花生饼	49.04	6.32	7.76
大豆饼	47.46	7.00	6.78

三、食用菌生产设备与设施

（一）生产设备

一个规范化的菌种厂，除有合理的场所布局外，还要有一定的生产设备。生产设备的选择配套将决定菌种场的生产能力，并与菌种质量有密切的关系。

1. 配料设备

（1）衡量器具。一般应配备磅秤、手秤、粗天平、量杯、量筒等。

（2）拌料机具。拌料必备的机具有铁铲、铁锹、铁锅、电炉、水桶、水盒、专用扫帚和簸箕等。生产规模较大的菌种场还应配备一些机械，如切片机、粉碎机和拌料机等。

（3）装料机具。装袋机。

2. 灭菌设备

灭菌设备，这里专指用于培养基和其他物品消毒灭菌的蒸汽灭菌锅。灭菌锅是制种工序中必不可少的设备，有高压蒸汽灭菌锅和常压蒸汽灭菌锅两大类。

（1）高压蒸汽灭菌锅。手提式高压灭菌锅，这种灭菌锅的容量较小，约14升，主要用于母种试管培养基、无菌水和一些器具等的灭菌，可用煤炉、电炉等作热源，较轻便、经济（图1-23）。

图1-23　手提式高压灭菌锅

立式和卧式高压灭菌锅（图1-24），这两类高压锅的容量都比较大，主要用于制原种和栽培种培养基的灭菌。一次可容纳750毫升的菌种瓶几十至几百瓶。

（2）常压蒸汽灭菌锅。常见的常压灭菌灶呈方形，用砖和水泥构筑。通常采用大铁锅作为蒸汽发生源，在铁锅上方四周用砖砌成高1米左右，宽1～1.2米见方的灶体，顶部砌成平顶或弓形顶，上留一小孔放置温度计，灶体侧方留有灶门，以方便装锅或出锅，灶体底部预留小孔并安置铁管，用于中途补水，或在灶体后部排烟道前设置热水锅，灭菌过程中间补水可用温水。灶体内部设置2～3层搁架。灶门要能够密封紧密，防止热蒸汽泄露（图1-25）。

图1-24 电热卧式高压灭菌锅

图1-25 常压灭菌锅

3. 接种设备与用具

接种设备是指分离和扩大转接各级菌种的专用设备，主要有接种室，接种箱，超净工作台以及各式接种工具。

（1）接种室。接种室又称无菌室，是进行菌种分离和接种的专用房间。规范化接种平面结构，分内外两间，外间为缓冲室，面积约2平方米，里间为接种室，面积约5平方米，高约2.5米，房顶铺设天花板，地面和墙壁要平整、光滑，以便于消毒清洗，接种室和缓冲室的门要错开，不要在一条直线上，门应为滑动接门，以减少空气直接流动。接种室内工作台的上方及缓冲室的中央，均应装置紫外线灭菌灯及照明用的日光灯各一支，灯的高度以离地2米为宜（图1-26、图1-27）。

（2）超净工作台。这是一种以空气过滤去除杂菌孢子和灰尘颗粒而达到净化空气的装置。空气过滤的气流形式有平流式和直流式，规格有单人操作机和双人操作机两种，是目前比较先进的接种设备（图1-28）。

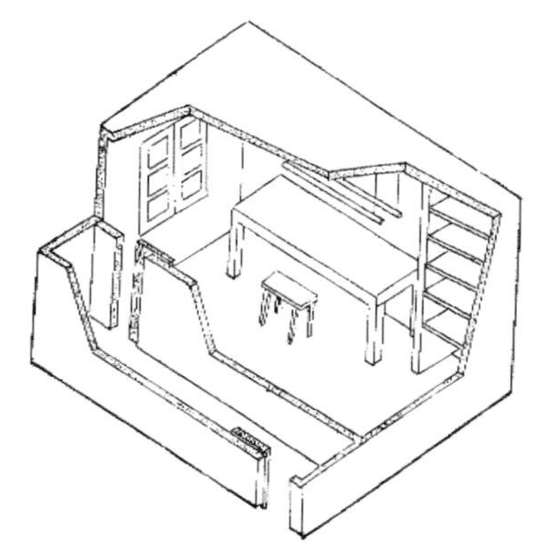

图1-26　食用菌接种室

图1-27　食用菌灭菌室

（3）接种箱。接种箱又叫无菌箱，规格较多，一般都是木质结构，箱体大约长143厘米，宽86厘米，总高159厘米，低脚高76厘米。箱的上部、前后各装有两扇能启闭的玻璃窗，窗的下部分别设有两个直径约13厘米的圆洞，两洞内的中心距为40厘米，洞口装有双层布套，操作时两人相对而坐，双手通过布套伸入箱内。箱的两侧和顶部为木板，箱顶内安装紫外线灯和日光灯各一支。制作过程应注意整个箱体结构密闭（图1-29）。

图1-28　超净工作台

图1-29　接种箱

（4）紫外线灭菌灯。紫外线灭菌灯是利用辐射原理来灭菌。常用于无菌室，超净工作台，接种箱及接种缓冲室的完全净化。

（5）接种工具。接种工具是指分离和移接菌种的专用工具，式样很多。用于菌种分离，母种制作和转接母种的工具，因大多在试药斜面和平板培养基上操作，一般是用细小的不锈钢丝制成。而用于原种栽培和转接的工具，故一般由比较粗大的不锈钢制成（图1–30）。

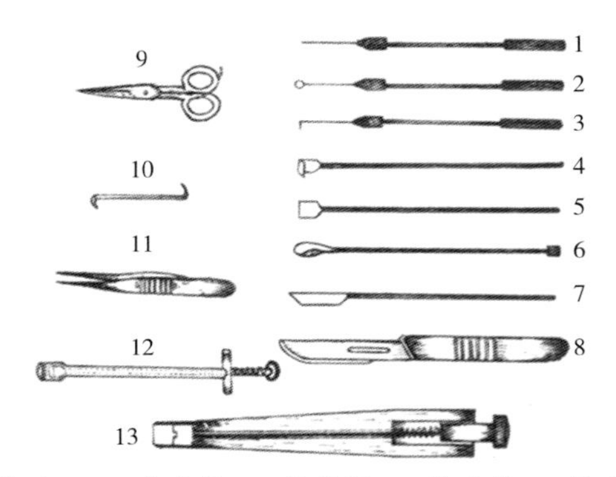

1.接种针；2.接种环；3.接种钩；4.接种锄；5.接种铲；6.接种匙；7.，8.接种刀；9.剪刀；10.钢钩；11.镊子；12.弹簧接种枪；13.接种枪（日本式）

图1–30　接种工具

4. 培养设备

（1）培养箱。生产中常用电热恒温培养箱，该培养箱采用电加热，自动控制温度。主要用于培育母种和少量原种（图1–31）。

（2）培养室。指培养菌种的场所，要求干净、干燥、通风、保温、光线暗。一般民房都可作为培养室，多少和大小由生产菌种的规模而定。培养室内放置菌种架，菌种架可用角铁焊制，或用竹木搭建。最好是水泥地面，便于清洁。

图1-31　电热恒温培养箱

5. 其他设备

生产菌种还需一些其他的设备，如保存菌种的电冰箱，小型冷库等。机械设备有拌料机、粉碎机、装袋机等。

（二）基本设施

食用菌栽培场地没有多大的局限。闲置住房，旧粮仓，地下室、人防洞、山林溶洞、各种大棚均可作为人工栽培场地；也可以通过专用设备，设施构建设施化、工厂化菇房。进行半自动化和自动化生产；还可与农作物、树林进行套种或仿野生栽培。以下就基本设施进行介绍。

1. 砖木、水泥结构菇房

屋脊式，栽培面积160～220平方米，坐北朝南，南北面设透气窗，屋顶设拔风筒（图1-32、图1-33）。

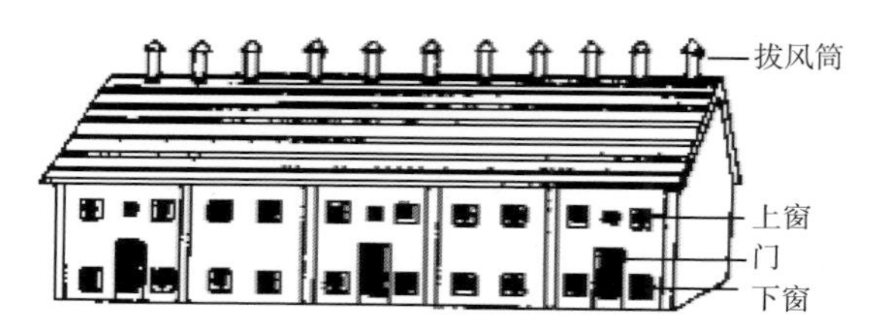

图1-32　屋脊式栽培房结构

图1-33　屋脊式栽培房实物

2. 塑料、金属、竹木、草帘结构菇房

（1）圆拱形大棚。无墙体、全支架、全覆塑膜及草苫。资较少，一般大拱棚面积200平方米左右的，竹木结构需1 000元左右（钢管的造价高些）；棚为东西向，不需设通风孔等，只留一进出口，必要时掀膜通风即可（图1-34、图1-35）。

图1-34　圆拱形大棚外部

图1–35　圆拱形大棚内部

（2）单面屋脊式大棚。东西向、北面做墙、东西两面墙亦用土墙，上架竹竿类、覆膜即成。其中一头留进出口，棚顶覆草苫、秸秆类遮阳保温。该斜面棚一般面积在200平方米左右，修建成本约2 000元（图1–36、图1–37）。

（3）小环棚。小环棚主要用于一些食用菌的地畦栽培（图1–38）。

图1–36　单面屋脊式大棚

图1-37　单面屋脊式大棚内部

图1-38　小环棚

四、食用菌制种工艺

（一）菌种类型

食用菌菌种是通过人工培育的纯菌丝体及其培养基的混合体。生产中通常分为三级，即母种（一级种）、原种（二级种）、栽培种（三级种）。

1. 母种

利用食用菌的子实体经组织分离或孢子分离培育而成，一般盛装在玻璃试管内；直接分离而成的母种称为原始母种（图1-39），原始母种转扩一次而成的母种称为一级母种，一级母种再转扩一次而成的母种称为二级母种。生产中常用三代或四代母种生产原种。实践证明连续多次转扩母种，会使菌种生活力降低，使品种发生退化甚至发生变异。

2. 原种

由母种转扩而成，容器一般选用标准菌种瓶、葡萄糖瓶或其他瓶类，培养料有棉籽壳、麦粒、玉米粒、玉米芯、木屑等（图1-40）。一支母种可转扩4～6瓶原种。

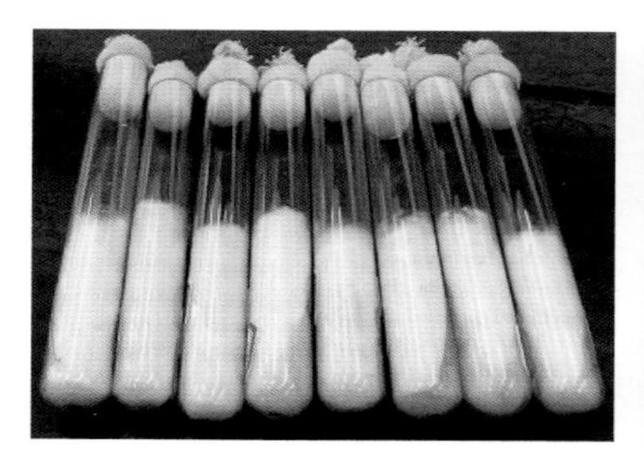

图1-39　母种

图1-40　原种

3. 栽培种

由原种转扩而成，容器一般为菌种瓶或塑料菌种袋（图1-41）。生产中多采用聚丙烯或聚乙烯塑料袋，一瓶原种可以转扩40～60瓶或20～25袋栽培种。

图1-41　栽培种

（二）消毒与灭菌

消毒与灭菌属两个不同的概念。消毒又称部分灭菌，是指用物理或化学的方法，消灭物体表面或环境中的一部分微生物。灭菌又称完全灭菌，是指用物理或化学的方法，杀灭物体上以及环境中的所有微生物，包括细菌的芽孢和抵抗不良的环境能力很强的真菌孢子，使物体和环境处于无菌状态。

1. 物理方法

物理方法是指借助物理的因素影响微生物的化学成分和新陈代谢从而达到灭菌的目的。在食用菌生产中，通常采用温度因素的热力灭菌法、湿热灭菌法、辐射因素的紫外线灭菌法等除菌法。

（1）热力灭菌。热力灭菌包括火焰灭菌法和干热灭菌法。

火焰灭菌法是一种最简单的加热灭菌法，即利用火焰直接把微生物烧死，其特点是灭菌迅速彻底。适于接种针等耐热的物品。在食用菌生产中最常用的是酒精灯，酒精灯燃烧用的酒精浓度以大于95%为宜，浓度低燃烧不良，热力不够，灼烧灭菌的效果差。

干热灭菌法是将待灭菌的物品用牛皮纸或旧报纸包好，放入干燥箱中，关闭箱门，电源外溢；待箱内温度升到140～160℃时保持2～3小时；达到恒温时间后切断电源，让其自然降温至60℃以下时，打开箱门取出物品待用。

（2）湿热灭菌。湿热灭菌包括高压蒸汽灭菌法和常压蒸汽灭菌法。

高压蒸汽灭菌法是利用高温高压蒸汽灭菌，这是效果最好，使用最广泛的灭菌方法。高压灭菌的主要设备是高压蒸汽灭菌锅，有立式、卧式和手提式。使用时一定要严格按照操作规程，以免发生事故。具体使用方法如下：①打开进水阀，向漏斗中加水，当水位到达标记高度时停止加水，并关闭阀门；②打开排气口，然后点火加热，再装入待灭菌的材料；③盖好锅盖，以对角线逐一拧紧螺丝，使锅密闭，当水沸腾后，锅内充满水蒸气，借蒸汽将锅内的冷空气从排气口排出；④待冷空气排出后（蒸汽猛烈上升后要继续放气5～10分钟），关闭排气口，当压力表上的压力升至所需的压力时，并保持一定时间，即达到灭菌的目的；⑤待自然降压至零时，打开锅盖，取出灭菌物，并打开出水阀和冷凝出水口，放尽锅内余水，以防日久生锈。

常压蒸汽灭菌法是采用100℃蒸汽进行灭菌的方法。这种方法设备简单，成本低，只要砌一个炉灶，体积大小可自行决定，以装800～1 500升为宜，灭菌温度一般在95～105℃维持8小时以上，再焖一夜后出锅。主要用于栽培种和培养料的灭菌。

（3）辐射灭菌。辐射灭菌包括微波灭菌和紫外线灭菌。

微波灭菌中的微波，是指波长0.1～1 000毫米的电磁波。

紫外线灭菌是在接种室、接种箱中安装紫外线灭菌灯，利用紫外线照射使微生物死亡的方法。该方法只适用于空气和物体表面的灭菌。

2. 化学方法

化学方法是用化学药品来杀灭或抑制杂菌的生长与繁殖的方法，消毒剂主要用于体表、器械和环境等的消毒。

常用的化学消毒剂有甲醛（福尔马林）、多菌灵、石灰、漂白粉、酒精、过氧化氢、金星消毒液、气雾消毒剂等。

（1）接种室（箱）的消毒灭菌。主要以甲醛熏蒸，药品喷雾和紫外线照射3种方法及其注意事项做介绍。

一是甲醛熏蒸。对那些使用时间长，污染程度严重的接种室（箱），应进行彻底熏蒸消毒，按每立方米40%福尔马林10毫升倒于碗中，再加入高锰酸钾5克，进行氧化还原反应产生甲醛蒸汽进行熏蒸消毒，待12小时后再使用。也可用酒精灯直接加热甲醛原液，使其蒸发进行熏蒸。为了减少刺激味，可使用一小杯氨水，自然挥发，产生无毒无味乌洛托品。无氨水时，也可直接加热碳酸氢氨（化肥），分解产生氨气，达到减少刺激目的（5克/米^3）。如灭菌至连续使用时，可减少药品用量至1/6～1/4或仅用碳酸，0.25%新洁尔灭（苯扎溴铵），2%～3%的来苏儿（甲酚皂溶液）喷雾。

二是紫外线照射法。每次接种前，应将所需的器具一并移入接种室（箱）内，然后打开紫外灯进行灭菌，接种室空间较大，开灯照射要2小时才能达到灭菌效果；而接种箱体积较小，则只需半小时左右即可达到灭菌效果。

三是气雾消毒剂熏蒸。气雾消毒剂是一种新型的食用菌专用烟雾剂，具有使用方便、消毒效果明显、使用成本低、对人体危害程度小的优点，一般空间消毒使用量为每立方米3～5克。在接种室（箱）内直接点燃即可。在夏季使用时，则用量要比冬季加倍。

（2）灭菌操作规程。凡经过灭菌的物品，都应该是无菌的。无菌操作法，是指在整个操作过程中，防止任何微生物进入物品或机体的一种方法。

一是在每次使用前，缓冲室内要用5%碳酸溶液喷雾，并打开紫外线灯照射灭菌30分钟。

二是将所需的物品移入接种室，按一定位置摆好，检查是否齐全，并用5%碳酸溶液重点在工作台的上方和附近的地面上喷雾，然后还回缓冲室，待几分钟后再进入接种室工作。

三是接种前，用75%的酒精棉球擦手，然后按照常规在火焰上进行各种接种工具、器皿的灭菌，操作时动作要轻捷，尽量减少空气波动，两人操作时要配合默契。用过的火柴杆，废纸不要扔在地上，放在专用的瓷盒里。

四是工作结束，应及时取出接种材料，然后清理台面，将废物拿出室外，再用5%碳酸全面喷洒，或打开紫外线灯照射半小时。

五是接种时如遇棉塞着火，用手紧握即可熄灭，或用湿布扑灭，切勿用嘴吹火，以免扩大火焰，如遇培养物或有菌容器打碎散落，应及时用抹布沾上5%的碳酸溶液，收拾擦拭，再用酒精棉球擦手才可继续操作。

（三）母种制作技术

1. 母种常用培养基制作

母种培养基一般用试管作为容器，所以又称试管斜面培养基，常用于菌种分离、提纯、扩大、转管及菌种保藏。

（1）常用的母种培养基配方。食用菌常用的培养基为马铃薯葡萄糖琼脂培养基（PDA），其配方为：马铃薯（去皮）200克，葡萄糖20克，琼脂20克，水1 000毫升，也可用蔗糖取代葡萄糖，即为PSA培养基。还可以添加磷酸二氢钾3克，硫酸镁1.5克，维生素B_1 10毫克，即为马铃薯综合培养基。广泛适用于多种食用菌母种的分离、培养和保藏。

（2）PDA母种培养基制作方法。首先要选择合适的浸煮容器，一般选用铝锅、搪瓷缸或玻璃烧杯等，不能用铜、铁器皿，以免铜锈或铁锈混进培养基中。配制过程及注意事项如下。

①计算。按照选定的培养基配方，计算各种成分的用量。②称量。用电子天平或托盘天平称取各种物质，马铃薯应先去皮，挖去芽眼，削掉青绿部分。③煮汁，取滤液。马铃薯切成1厘米见方的小块或2～3毫米厚的薄片，加水约1 200毫升煮沸，再用文火保持20～30分钟，使马铃薯熟而不烂为宜（图1-42）。并适当搅拌，使营养物质充分溶解出来，然后用4层预湿的纱布过滤，取其滤液（图1-43）。

补足水量，加药品溶化。补足水量至1 000毫升（图1-44），然后往滤液中加入琼脂，小火加热，搅拌至琼脂完全溶解（图1-45），再加入葡萄糖和其他营养物质使其溶化后，进行分装。注意开锅后要适当搅拌并减小火力，防止溢出或焦底。

分装试管。制备好的培养基应趁热分装，常用的试管为18毫米×180毫米或20毫米×200毫米的玻璃试管。首先把较大的玻璃漏斗固定在滴定架上，下接一段乳胶管和玻璃管，用弹簧夹夹住胶管。分装时把热的培养基倒入漏斗中，余下的置电炉上保温，然后左手持3支试管，让玻璃管和乳胶管伸到试管的中下部，右手用弹簧夹控制培养基流量，分装量掌握在试管长度的1/5～1/4。注意分装时，培养基不能沾在试管口壁上，否则会污染棉塞（图1-46）。

图1-42　煮汁

图1-43　过滤

图1-44　补水定容

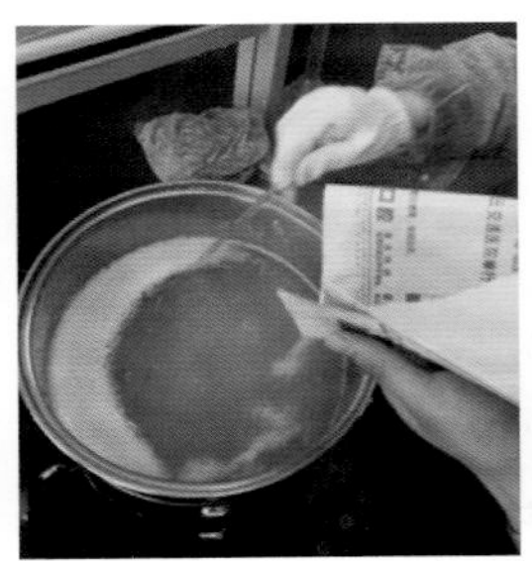

图1-45　加琼脂

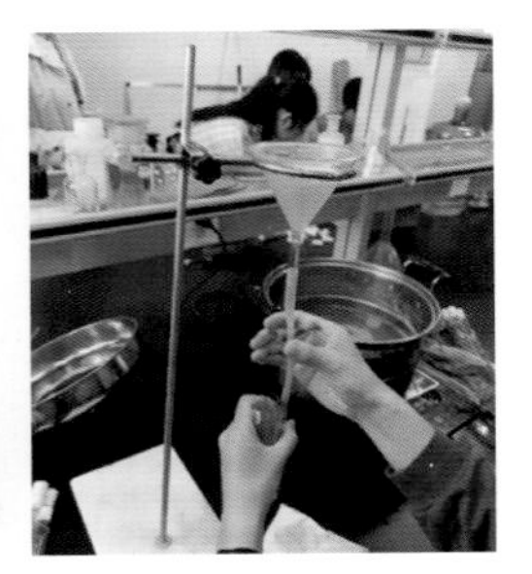

图1-46　分装试管

塞棉塞。分装完毕，塞上棉塞，注意棉塞要松紧适度，以用手提起棉塞而试管不脱落为度。棉塞的长度3～5厘米，塞入试管中的长度约占总长的2/3。棉塞制作宜选用质量好的普通棉花，不应使用脱脂棉或夹杂腈纶棉等杂质，也可使用透气胶塞代替棉塞。

灭菌和摆斜面。将塞上棉塞的试管7～10个一捆，用两层报纸或一层牛皮纸捆好，放入高压锅内灭菌（图1-47）。在1.2～1.5千克/厘米^{2}压力下，灭菌30分钟，待其压力降至零后，立即取出试管摆放斜面（图1-48），原则上是摆放成斜面后，斜面的长度为试管长度的1/2～2/3，斜面顶端距试管口不少于50毫米。

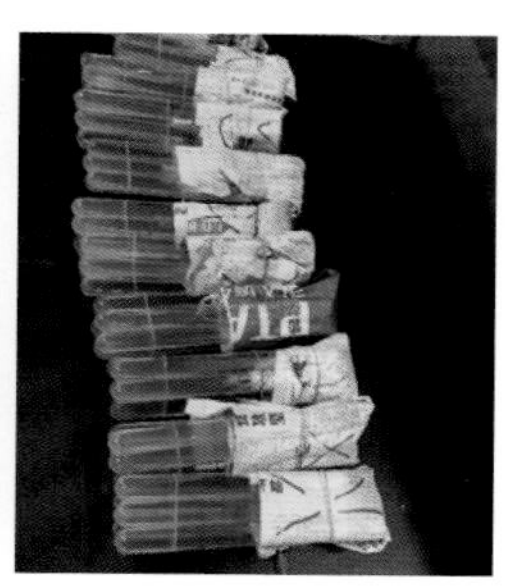

图1-47 灭菌　　图1-48 摆斜面

灭菌效果检查。取3～5支斜面试管，放入28～30℃恒温箱内，空白培养24～72小时，检查无杂菌污染后，方可使用。

2. 菌种分离技术

要想获得食用菌纯菌种，就必须进行纯种分离。通过一定的技术措施，把食用菌菌丝体或孢子从混杂的微小物环境中单独分离出来进行纯培养的技术叫纯种分离术。

食用菌纯种分离的方法很多，常用的有组织分离法、孢子分离法和基内菌丝分离法3种。这3种分离法各有特点，可根据不同的菇类和用途，采取不同的分离方法。在几种常见的食用菌中，子实体大而肥厚的香菇、平菇、猴头、草菇、鸡腿菇、双孢蘑菇、白灵菇等多采用组织分离法；子实体小而薄的木耳等多采用孢子分离法；银耳多采用基内菌丝分离法。下面仅介绍生产中应用最广泛的食用菌子实体组织分离法的方法步骤。

（1）种菇选择。选择能代表该品种原有遗传特性的种菇个体。从出菇早而均匀、生长旺盛的菌袋上选取长势好、菇体完整、菌盖适中、肉厚、无病虫害、刚进入成熟初期的菇作为种菇。种菇采收前两天要停止喷水，以保持菇体的干爽，提高成功率。

（2）种菇的处理与消毒。将采收的种菇去掉杂质，放置1～2小时，让菇体散失过多的水分。菇体含水量过大，不易分离成功。然后在无菌条件下用75%的酒精进行表面消毒（图1-49）。

图1-49　种菇消毒

（3）分离与移接。在无菌条件下，用无菌纱布吸干菇体表面水分，将分离用的小刀和接种针在酒精灯火焰上灼烧至发红，冷却后用灭过菌的小刀把菇体纵剖为二（图1-50），在菇盖与菇柄相接处的部位切取绿豆大小的菌肉组织（图1-51），迅速移接在斜面培养基中央（图1-52）。

（4）菌丝培养。将接过组织块的试管放入恒温培养箱中25℃培养，即可萌发出白色的菌丝（图1-53）。在培养过程中要经常检查，及时去除污染菌种。如果培养基表面有黏稠状物，是细菌或酵母菌污染；如果培养基表面有各种颜色的绒毛状菌丝或蜘蛛网状物，是真菌感染。如果一支试管中大多数菌丝长势良好，只有少部分污染，可采取超前分离法将其纯化，即从菌丝生长健壮、远离污染点的地方切取一小块带有菌丝的培养基移到新的培养基上培养，也可以得到纯菌丝体。

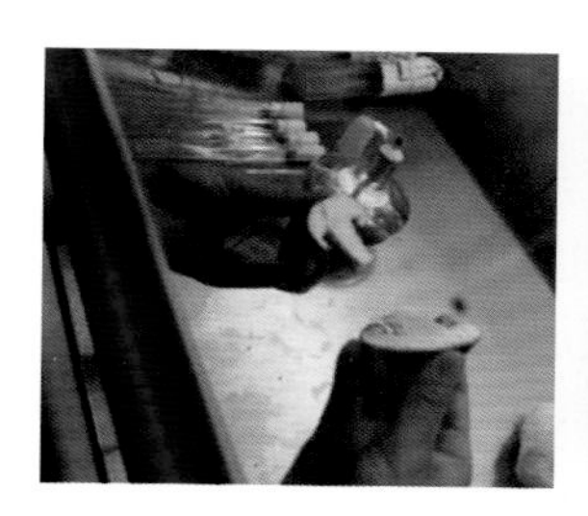

图1–50　纵剖种菇

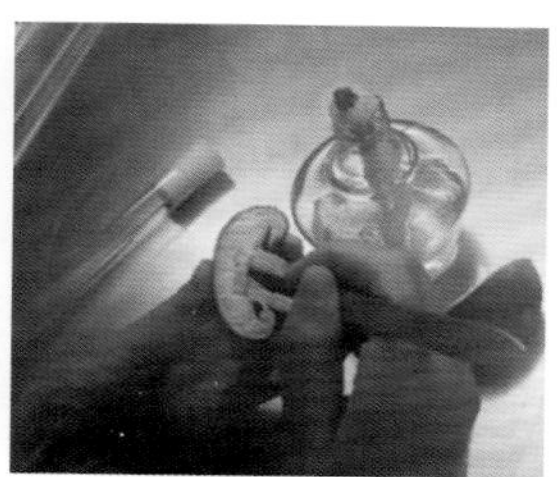

图1–51　切取组织块

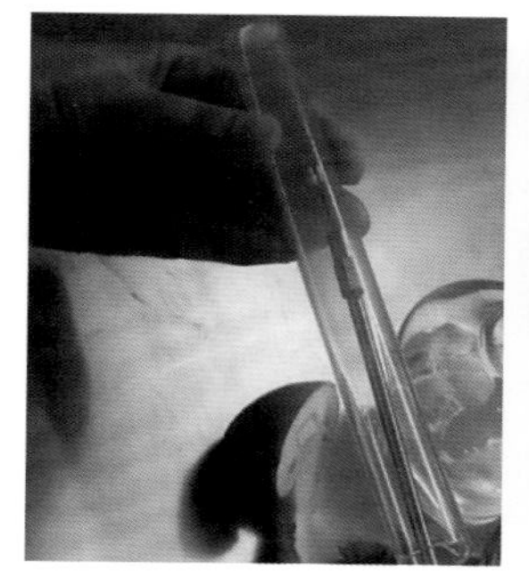

图1–52　组织块接入PDA试管

图1–53　培养

挑选生长健壮、长势旺盛、无杂菌污染的菌丝再进行转接。这样得到的母种必须进行出菇试验，确认其菌丝生长良好、出菇正常时再用于大面积生产。

3. 母种的扩繁与培育

分离后的母种数量较少，需进行多代扩繁才能满足生产的需要。分离后的母种叫原始母种，原始母种转扩一次培育而成的母种叫一级母种，一级母种转扩后培育而成的母种叫二级母种，大面积生产时母种的转扩不宜超过五代。

（1）母种的转扩操作技术。接种开始前，操作人员要先将手和工具用酒精棉球反复擦拭。点燃酒精灯，接种工具的尖端部位在灯焰灼烧至发红，冷却后再伸入试管内进行母种的转接。

先将要转扩的母种菌丝面，用接种针和接种钩划成小方块。

用左手拿着划好的母种，用拇指和食指夹持，将培养基试管放在左手掌部，与母种并列摆放，一般放在母种试管的内侧，用右手小手指和手掌边缘拔掉培养基试管上的棉塞，用接种铲取一小块菌种迅速移入培养基试管的斜面上，菌种放置在斜面上方的1/3处。注意铲取母种菌丝块时，连带的培养基不要太厚，厚度一般在2毫米左右为宜（图1–54）。整个操作过程试管的位置要始终在酒精灯火焰上方的无菌区，在超净工作台上转扩母种时，试管口要始终在灯焰的前方。母种的移接过程要准确迅速，接种完毕迅速塞上棉塞。

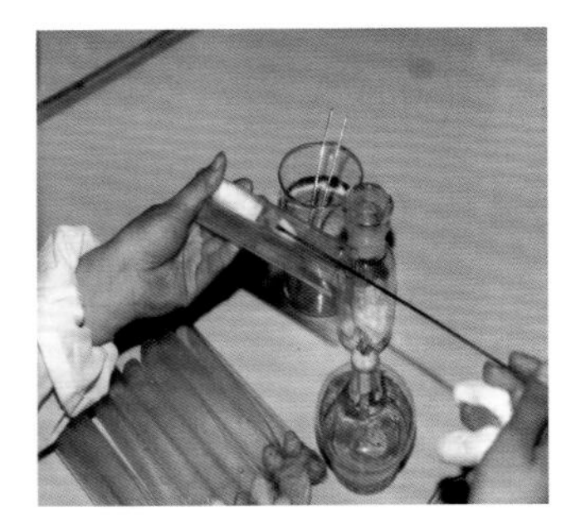

图1–54　母种转管过程

（2）培育菌丝。一是适温培养。接好种的母种贴好标签后，应及时将试管置于恒温培养箱（室），按菌丝生长的最适温度进行培养。当种块上有菌丝萌发，并向培养基上蔓延后，可将培养温度降低2～3℃，促使菌丝健壮生长。温度过高菌丝稀疏，易倒伏发黄。二是注意通风。母种培养期间，通气不良，氧气不足，菌丝生长缓慢。特别是在潮湿季节，棉塞上易滋生霉菌。三是定期检查。在适宜条件下，菌丝以种块为中心，向四周呈辐射状蔓延。出现异常菌落要认真查看，如果是霉菌，5～10天便出现分生孢子，应及时淘汰。若在种块一侧或周围出现黏稠状物，多是母种不纯造成的细菌污染。斜面上出现分散性细菌菌落与灭菌不彻底或无菌操作不严有关。细菌菌落向周围扩散，很容易被掩盖。因此，在培养的前几天要逐管检查，以防掩盖杂菌，可以采用一些防霉措施，如用防霉剂处理棉塞或用玻璃纸或锡纸包裹试管或管口等。

（四）原种和栽培种生产技术

原种的制作与培养

母种菌丝体转接到棉籽壳、玉米芯、麦粒或其他营养物质配制好的培养料上，制成的菌种叫原种。

（1）菌种瓶的选择和使用。原种常用的玻璃瓶有750毫升标准菌种瓶、罐头瓶、盐水瓶、酒瓶。盐水瓶和酒瓶因瓶口较小，只适用于培育麦粒菌种。

（2）培养基的制备。按照食用菌培养基配制技术的要求，根据不同食用菌品种的具体要求，科学合理配制原种培养基。

（3）装瓶。装入适量的培养料，棉籽壳或玉米芯培养料堆至瓶肩外，用工具将料面压平压实，将瓶外壁擦拭干净。用盐水瓶装麦粒时，装量以瓶的1/2或2/3为宜，过多则灭菌后麦粒不易摇匀（图1-55）。

（4）封口。装好料的菌种瓶用棉花将瓶口塞上，注意棉塞要将瓶口塞紧，没有棉花时可用两层报纸外加一层耐高温的聚丙烯塑料膜封口。盐水瓶的封口用两层报纸外加一层牛皮纸，或两层报纸外加一层聚丙烯塑料膜（图1-56）。

图1-55　装瓶

图1-56　封口

（5）灭菌。包括高压、常压蒸汽灭菌两种方法。

高压蒸汽灭菌在0.15兆帕的压力下保持80～120分钟，将培养料中的各种杂菌彻底杀死。棉籽壳及玉米芯料一般要求灭菌60～70分钟，麦粒培养料灭菌则需90～120分钟。

常压蒸汽灭菌当锅内温度达到100℃时，保持8～12小时，麦粒菌种时间要相应延长。制作麦料菌种时，不宜采用常压灭菌方法。常压灭菌锅的种类很多，用废油桶加工的蒸汽发生器，生产中应用较多。

（6）接种。灭过菌的菌种瓶应放在干净的室内，利用接种箱或接种室进行接种，原种的制作一般都利用接种箱接种。将冷却好的菌种瓶移放在接种箱内，要转接的母种及所需物品、工具也要放入箱内，有条件的先打开紫外线杀菌灯，再用甲醛和高锰酸钾混合熏蒸消毒30分钟，或用气雾消毒剂熏蒸30分钟。

接种操作时先将手及工具用75%的酒精棉球反复涂擦消毒，点燃酒精灯，接种工具在灯焰灼烧，冷却后伸入母种试管内，将母种斜面划成4～5小块，斜面上端1厘米左右的薄菌丝弃之不用。用左手握母种试管，右手拿接种工具，右手小手指和手掌拔掉棉塞，在酒精灯焰附近快速将母种块移入菌种瓶内，使母种块上培养基与瓶内料面接触，快速将棉塞在灯焰上过一下塞入瓶口（图1-57）。接种过程尽量减少菌种瓶口暴露的时间，防止杂菌侵入。

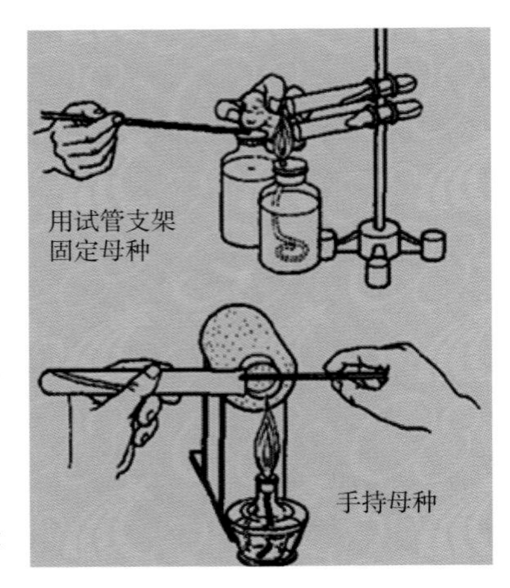

图1-57　原种接种

（7）培育菌丝。一箱原种接完后，打开接种箱门，让甲醛气体挥发掉，移出接过种的原种瓶，在瓶壁贴上标有菌种名称、生产日期的标签，移入培养室竖直摆放在菌种培养架上。培养菌丝期间要求培养室干燥、黑暗、通风良好，温度在20～26℃。一般接种3天后母种块就会萌发，7～8天菌丝开始吃料生长，25～35天菌丝就可长满原种瓶。培养期间要注意观察菌丝生长情况，发现杂菌感染要及时挑出并做妥善处理。

（五）栽培种的制作与培养

原种再转接到相同的或不同的培养基上进行扩大培养，就可得到栽培种。栽培种可用菌种瓶、罐头瓶、塑料袋制作，因塑料袋成本低、使用方便，现生产中常采用塑料袋制作栽培种。

1. 塑料袋的种类和规格

高压灭菌多采用聚丙烯原料的塑料袋，可耐高温130℃，规格一般宽15～17厘米、长33～35厘米，厚度0.04～0.05毫米。常压灭菌多采用高密度聚乙烯塑料袋，规格与聚丙烯相同。

2. 培养料的配制

栽培种的培养料与原种基本相同，为了培育出活力旺盛的栽培种，在栽培种培养料中常加入一定量的营养物质，一般常加入0.2%的尿素或5%的麦麸。

3. 装袋灭菌

培养料加水拌匀后，将裁好的塑料袋一端折叠一部分，在另一端装入培养料，装至塑料袋剩5厘米左右时，用力将料面压平加实，用细绳或尼龙草扎成活结，翻转塑料袋再装另一端，装好后将袋口扎好。灭菌方法与原种相同，注意菌袋在锅内摆放宜疏松，保证蒸汽通畅，灭菌时间比菌种瓶要适当延长。

4. 接种

可在接种箱或接种室内进行，采用两端接种，每瓶原种可扩接栽培种20～25袋（图1-58）。接种后在袋上标明菌种名称和生产日期。

5. 培育菌丝

接种好的栽培种袋及时移入培养室，平放在菌种架上或地面上，堆放层数不宜太高。保证培养室通风良好，干净、干燥，室温保持在20～26℃，经常观察菌丝生长发育情况，发现杂菌及时挑出处理（图1–59）。

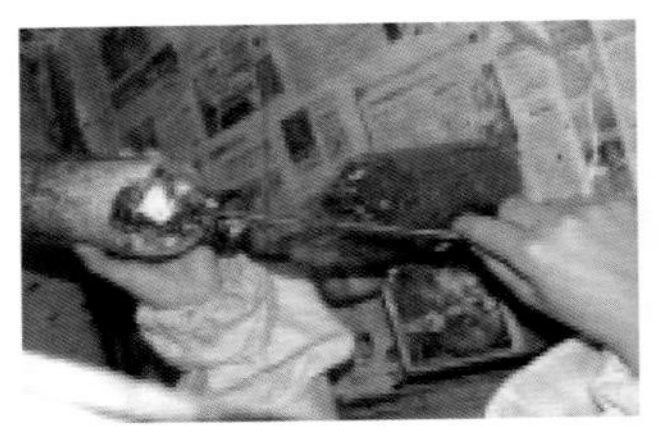

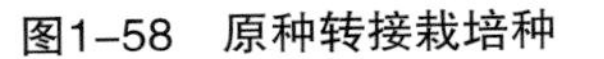
图1–58　原种转接栽培种

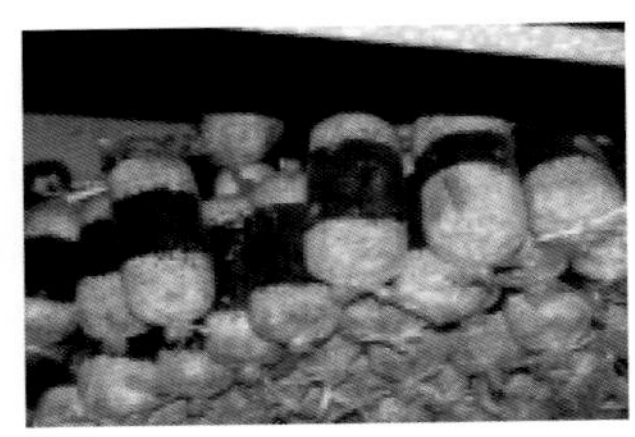

图1–59　培育栽培种菌

（六）菌种保藏

菌种保藏的基本原理是根据菌种的遗传性能和生理、生化特性，人为地创造环境条件，使菌种的代谢活动处于较低活性状态，从而在中、短期或长期保持菌种的生活力和原有性状。

菌种一般以试管斜面的形式进行保存，基本技术是采用干燥、低温、冷冻和缺氧等技术，使菌种停止发育，降低代谢速度，使其生命处于休眠状态，从而可以在较长时间内保存。

菌种保藏的目的即能在较长时期内保持菌种的生存，保持菌种遗传性状、生产性状和形态特征的稳定性，保持菌种的纯度，使其免受其他微生物的污染。此外，保藏后的菌种，在适合条件下会出现最好的生长状态和正常的外观形态，栽培后能表现出原有的优良性状。

菌种保存的方法很多，最常见的有斜面低温保藏法、液体石蜡保藏法、自然基质保藏法、滤纸保藏法、液氮超低温保藏法等。其中，斜面低温保藏法和液体石蜡保藏法较简便，不需要较多的设备，成为一般生产和科研单位保藏菌种的最常用方法。

斜面低温保藏法是最简单、最普通的保藏方法。将需要保藏的菌种接种在适宜的斜面培养基上，适温培养，当菌丝健壮地长满斜面时取出，然后置冰箱或冰柜中于4～5℃保存（图1-60）。此法适用于除草菇外的所有食用菌菌种。草菇对低温忍耐力差，它的菌丝体在5℃下极易死亡，因此，草菇菌种应保藏在10～15℃的环境中。若需置于4～5℃的低温下保藏，应在草菇菌苔上灌注3～4毫升的防冻剂。一般生产上，草菇多采用室内常温保藏。保藏的效果与培养基的选择和温度控制有关。低温保藏菌种的培养基一般用营养丰富的天然培养基，如马铃薯葡萄糖琼脂培养基（即PDA培养基）等。为了减少培养基水分的蒸发，延长保藏时间，培养基中琼脂用量可适当加大。同时，为防止菌种在保藏过程中产酸过多，在配制保藏用培养基时需添加少许缓冲盐，如磷酸二氢钾（KH_2PO_3）或碳酸钙等。

图1-60　斜面低温保藏

有效的保藏时间一般为3～6个月，临近期限时进行转管，以后，最好每隔2～3个月转管一次。在保藏过程中应尽量减少打开冰箱的次数，同时及时拣出被污染的菌种。如果使用棉塞，可以从试管口将棉塞剪平，用固体石蜡封口，用干净纸包扎（硫酸纸或牛皮纸），再装入塑料袋中，即可有效地防止棉塞受潮而污染，还可隔绝空气，避免斜面干燥。有条件的可用螺旋塞或硅氧海绵塞代替棉塞，也可用橡皮塞封口。用无菌胶盖或橡皮盖封口的菌种，在冰箱中可保存3年之久，仍具有很强的生活力。一般来说，使用时应提前12～24小时从冰箱中取出，经过室温培养恢复活力后才能转管移植。

斜面低温保藏菌种虽然简便，但保藏时间较短，需经常转管，故容易发生退化现象。为了弥补这一缺点，在生产上，最好把斜面低温保藏法与其他保藏法结合起来，以减少转管次数。母种在第一次转管时，尽量多移斜面试管，部分用第一次生产，取几管作矿油保藏（或冷冻干燥、液氮低温保藏），其余则作为以后几批生产用的母种，暂存于4～6℃，待低温保存的菌种用完后（或超过储存期后），再从第一代矿油保存的菌种移出繁殖。这样做能使每批生产使用的菌种都保持在前几代的水平上，有利于菌种优良性状的保持。

第二章　常见食用菌高效栽培技术

一、香菇高效栽培技术

香菇的栽培方法有段木栽培和代料栽培两种（图2-1、图2-2）。段木栽培产的菇商品质量高，投入产出比也高，可达1∶（7～10），但需要大量木材，仅适于在林区发展。代料栽培投入产出比仅为1∶2，但代料栽培生产周期短，生物学效率也高，而且可以利用各种农业废弃物，能够在城乡广泛发展。代料栽培一次性投入量大，成本较高。下面重点介绍代料栽培技术。

图2-1　香菇段木栽培

图2-2　香菇代料栽培

（一）菌种制备

选择适合于当地栽培的优良代料栽培香菇品种用于生产。一般1吨原料需购买8～10瓶原种。

（二）栽培季节的确定

秋季栽培：一般为8月下旬至9月下旬，最佳接种期为9月中旬，在海拔500米以上的地区可提前到8月中旬。

香菇菌丝生长时间长，栽培季节较其他菌严格。

（三）培养料配方

用来栽培香菇的主要代用料是阔叶树木屑、部分针叶树木屑以及棉籽壳、稻草、玉米秆、玉米芯、麦草、高粱壳、谷壳等。此外，许多松木屑用高温堆积发酵或摊开晾屑的办法，除掉其特有的松脂气味；亦可用来栽培香菇。但目前以木屑原料为主。

（1）杂木屑79%、麸皮17%、玉米面2%、糖1.2%、尿素0.3%、过磷酸钙0.5%，料水比1：1。

（2）杂木屑42%、麸皮20%、玉米秆粉27%、糖1%，料水比1：1。

（3）棉籽壳42%、木屑35%、麸皮20%、过磷酸钙1%、糖1%，料水比1：1左右。

（四）拌料

培养料要粉碎均匀，培养料配制要求达到“两匀一充分”，即各种原料要拌匀，干湿要均匀，原料吸水要充分。培养料含水量55%～65%。含水量的简单测定方法手测法（图2-3），抓取拌好的栽培料，用力握，料成团，水分从指缝渗出，但不滴下，伸开手掌成团，抖动即散，可判断含水量合适。要做到宁干勿湿，且拌完料后要尽快装袋。

图2-3　手测法

（五）装袋

一般用聚丙烯和聚乙烯塑料袋，高压灭菌选择聚丙烯塑料袋，常压灭菌可选用聚乙烯塑料袋。生产上采用的塑料袋规格多种多样：南方用宽15厘米、长55厘米的塑料袋；北方多用幅宽

20～22厘米、筒长57厘米的塑料袋。一般采用装袋机装袋，每袋2.1～2.3千克湿料。

装好后进行扎口，扎口时先用尼龙绳把袋一端扎两圈，然后将铜扣折过来扎进，防止管口漏气。

装袋分为装袋机装袋和手工装袋两种。在高温季节装袋，要集中人力快装，一般要求从开始装袋到装锅灭菌的时间不能超过6小时，否则料会变酸变臭。松紧度适宜。装袋匀实（图2-4），手托起无指凹。

图2-4　香菇培养料装袋

（六）灭菌

装好袋后，立刻上锅灭菌，以免培养料酸化，装锅不宜过密，留有空隙，锅里空气流通，高压121℃，灭菌2小时，常压灭菌在温度达到100℃时，保持12小时以上，生产上多采用常压灭菌法（图2-5）。灭菌时做到以下要求，攻头：尽快到100℃；控中：稳在100℃、10小时左右；保尾：猛火攻一阵停火，焖一夜出锅。注意：勿降温、勿干锅。

图2-5　香菇袋料常压灭菌

（七）接种

1. 接种环境

接种量少时，可在无菌箱中进行，大量时在无菌室中进行。接种时要注意处理菌种，先把菌种瓶外面用酒精进行消毒，然后打开盖后挖出老化菌种，之后立刻接种。把菌袋和接种工具搬到无菌室，然后用甲醛和来苏儿（甲酚皂溶液）喷雾，再用高锰酸钾和甲醛进行熏蒸消毒。

2. 接种时间

在高温季节接种，最好在早晨和晚间进行。接种时要做到无菌操作。多采用侧面打穴接种，要几个人同时进行，3～4人一组，袋面消毒、打孔、接种、搬运。

3. 接种方法

先用灭过菌的、直径1.5厘米的锥形棒，在料袋上均匀打5穴，一侧3穴，另一侧2穴，深2厘米左右（图2-6），要对穴面进行消毒，消毒液为混合药液或0.2%高锰酸钾。用手或接种枪迅速将菌种接入接种穴内，尽量填满接种穴，并略高出料面1～2厘米，随机用食用菌专用胶布或胶片封口。

图2-6　菌袋打穴方法

（八）发菌管理

接种好的菌袋搬入培养室进行培养，以“井”字形交错堆叠，每层4袋，4～10层（图2-7）。菌堆底部和上部的温度差别会引起菌丝生长速度的差别，因此，培养期间要进行翻堆，调节菌袋的菌丝的生长速度，使不同位置的菌袋内菌丝生长速度一致。7～10天翻堆一次，翻堆时轻拿轻放。培养室内要干燥、通风、弱光。温度控制在22～26℃，室内相对湿度控制在70%以下。发菌期间还要进行检查，观察菌丝萌发生长情况以及杂菌污染情况，及时清理有污染的菌袋。

图2-7　发菌期菌袋摆放方式

接种穴内菌丝直径至6～10厘米时，在穴周围扎3～4个小孔，距菌丝尖端2厘米，深约1厘米。每次翻堆，结合3～4次刺孔（图2-8）。

菌丝长满袋后还要继续培养，促进菌丝达到生理成熟，当菌袋内有瘤状物且接种穴周围稍微有棕褐色时（图2-9），表面香菇菌丝生理成熟，即可进入转色管理。

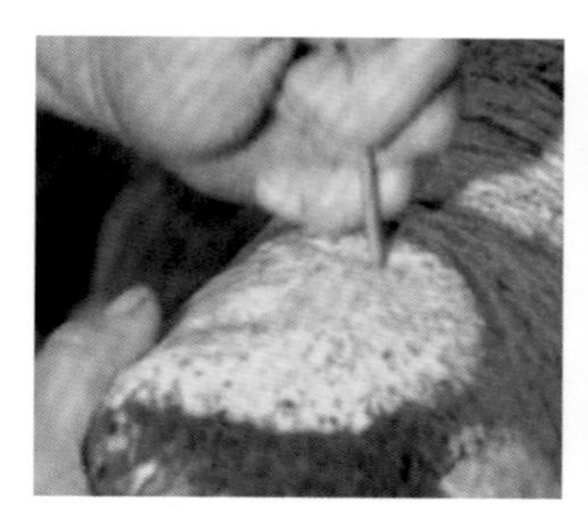

图2-8　刺孔方式

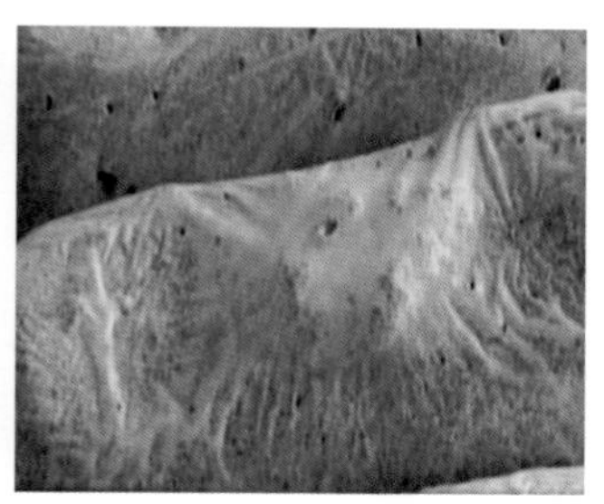

图2-9　发菌菌丝生理成熟

（九）脱袋

一般60天左右菌筒达到生理成熟，然后进行脱袋等待出菇。时间最好选在晴天和阴天的上午或傍晚，温度在16～23℃进行脱袋。脱袋时用小刀沿袋面割破，剥掉菌袋。边脱袋、边摆筒、边盖膜，菌筒斜靠在菌筒架上（图2-10）。

图2-10　脱袋及菌筒摆放

（十）转色管理

菌丝转色是指香菇菌丝生长发育进入生理成熟期，表面白色菌丝在一定温湿度和充足的空气条件下，迅速降温或改变酸碱度，菌丝停止生长，逐渐倒伏并分泌色素，形成棕褐色的一层菌膜。转色是袋栽香菇的关键关节。拖袋转色管理重要的是选择好天气。最好选在20～24℃的晴天或阴天脱膜。转色一般以红棕色最理想。

脱袋的标准当以接种穴周围有瘤状物凸起，且接种穴周围部分出现红褐色斑点，驼色，温度一般16～23℃。起架排筒，筒与筒之间间距为4～7厘米，排筒后立即用塑料薄膜罩住。脱袋5～6天后菌筒表面将出现短绒毛状菌丝，当短绒毛菌丝长接近2毫米时，每天掀膜通风1～2次，促使绒毛菌丝倒伏形成一层薄菌膜，开始分泌色素并有黄水出现（图2-11）。然后往菌筒上喷水，每天1～2次，连续2天。

图2-11　香菇转色过程的特征

图2-12　香菇转色完成

连续一周转色，先从白色转成粉红色，再转成红褐色（图2-12），完成转色。转色时温度控制在20℃左右，增强光照，加强通风。菌丝不转色就不能出菇或仅出畸形菇，但转色过深则出菇迟，出菇少。菌丝是否转色、转色的深浅和菌膜的薄厚，影响香菇原基是否能正常发生和发育，对香菇的产量和质量关系很大。

（十一）出菇管理

1. 催蕾

出菇管理是指菌筒转色到采收结束的管理，可分为催蕾、出菇和采收3阶段。当菌袋转色适宜时，及时降温，拉大温差，增强光照，进入催蕾期，催蕾条件如下。

（1）菌袋必须达到生理成熟。

（2）10℃以上的温差刺激。

（3）温度10～22℃。

（4）空气相对湿度达到85%～90%。

（5）菌袋含水量在55%～60%。

（6）适度的散射光刺激。

约4天菌膜爆裂，裂纹中出现菇蕾（图2-13）。

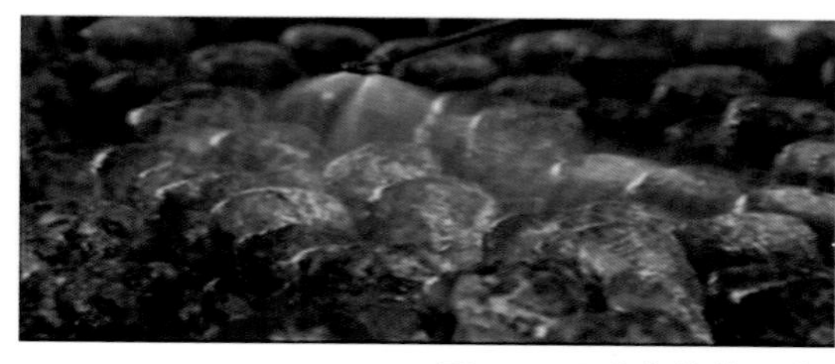

图2-13　香菇菇蕾形成

2. 正常菇出菇管理

及时割孔：当菇蕾长至0.5～1厘米时，或微微顶起袋膜，生长发育受到抑制时，应及时用锋利的刀尖绕菇蕾近处划破袋膜2/3，留1/3使袋膜相连（图2-14）。出菇阶段（图2-15），温度控制在15～20℃，空气相对湿度保持在85%～90%，轻喷勤喷水，加强通风，保持空气清新，并且要有一定的散射光。每潮菇之间，由于蒸发会带走大量的水分，一般采完一潮菇后要充分补水，否则影响菌丝生长。

图2-14　香菇菇蕾形成后割孔

图2-15　香菇出菇

3. 花菇培育管理

香菇子实体在生长发育的过程中，表皮组织由于受干燥、低温、温湿差、强光等刺激，表面细胞停止分裂生长，而菌盖内部的菌肉组织细胞仍在继续生长，产生机械动力使表面开裂，出现皮包不住肉现象，白色菌肉外露，形成花菇。花菇培育的具体方法，先疏蕾定位，选优去劣，每袋留5～10朵菇。再进行蹲蕾，菇蕾在2厘米以下，棚内温度稳定在8～12℃，空气相对湿度保持80%～90%，遮阴蔽光，不宜大通风，经过5～7天即可。当菇盖达到2～3.5厘米、菇表面鳞片脱落时，进行催花，促使形成花菇（图2-16）。花菇形成的主要条件：花菇是低温、干燥、通风、强光，大温差等综合因素下形成的。菇棚内湿度70%以下，以50%～60%为最好，气温在5～18℃，昼夜温差在10℃以上。菌袋的含水量以50%～55%为宜，有足够的光线刺激。缓慢生长30～40天，形成的花菇菇质坚实，朵大肉厚，为优质花菇。

图2–16 花菇形成

（十二）采收

采收时，在菌盖尚未全展开，呈现铜锣边时，捏住菌柄拧转而下。采完一茬后，停止喷水，温度保持在20～25℃，相对湿度75%～85%，暗光、适当通风，经过7～10天（采菇穴出现白丝），再刺激分化形成子实体。出完2茬菇菌袋失重约1/3时，进行补水，浸泡水至菌袋的原重量，从第3次补水开始，再添加营养素。

二、平菇高效栽培技术

目前，我国平菇栽培主要是根据自然气温种植，所以栽培时首先要选好栽培季节。根据平菇菌丝体和子实体生长对温度的要求，最佳生产季节宜在秋季。按培养料的处理，平菇的栽培方法可分为生料栽培、发酵料栽培和熟料栽培等，常用的为熟料袋栽和发酵料栽培。

（一）熟料袋栽

熟料袋栽是指培养料配制装袋后先经高温灭菌，再进行播种和发菌的栽培方法。

1. 培养料的选择及处理

平菇培养料来源很多，如棉籽壳、木屑、稻草、玉米芯及其他农作物秸秆等都可用来栽培平菇，通常以棉籽壳和玉米芯等为栽培平菇的主料。原料要求新鲜、干燥、无霉变。秸秆、玉米芯等原料要粉碎成粗屑或玉米粒大小颗粒状。使用前应暴晒2～3天。

2. 培养料的配制

（1）培养料配方。

配方1：棉籽壳98%，复合肥1%，石灰1%。

配方2：棉籽壳94%，麸皮或玉米面任一种5%，复合肥1%。

配方3：棉籽壳44%，木屑43%，麸皮11%，复合肥1%，石灰1%。

配方4：玉米芯84%，麸皮10%，玉米面5%，石灰1%。

配方5：玉米芯50%，木屑27%，麸皮15%，玉米面6%，复合肥1%，石灰1%。

以上配方中，气温低时加入0.1%多菌灵，气温高时应加入0.2%多菌灵，石灰添加量可增加为1.5%，以防杂菌污染。

（2）配制方法。

按照配方的要求比例，准确称量各物质，按料水比1∶（1.1～1.3）加水拌料，充分搅拌均匀（图2-17、图2-18），堆闷2小时后即可使用。

图2-17　人工拌料

图2-18　机械拌料

配制培养料应注意以下几点：一是严格控制含水量。平菇培养料的含水量以60%左右为宜，含水量偏高，透气性差，菌丝蔓延速度降低，且易引起杂菌感染。含水量低，菌丝活力降低。二是培养料的酸碱度合适。平菇喜偏酸性的环境，适宜pH值为6～6.5。一般培养料经灭菌后，pH值会有所降低，因此，在配制培养料时，要用石灰调整pH值为8左右为好。三是要尽量减少杂菌污染。拌料后要抓紧时间装料和灭菌，若时间延长，培养料会发酵变酸，容易导致杂菌滋生。

3. 装袋

熟料袋栽可选用宽22～25厘米，长40～50厘米，厚0.02～0.03毫米的聚乙烯筒膜塑料袋。装袋从未封口一端开始，向筒内装料时，边装边压紧，上下松紧要适宜，装料松紧度要达到手按料袋有弹性。料装到袋高2/3处，将料面弄平，把袋口薄膜稍微收拢后，用绳扎紧（图2-19）。有条件者可用装袋机装料，快速省力，而且装料松紧一致、均匀（图2-20）。

图2-19　手工装袋

图2-20　机械装袋

4. 灭菌

为防止培养料变酸和变质，装好的料袋应及时进行高温灭菌。采用常压蒸汽灭菌时，温度上升速度宜快，最好在4～5小时内使灶内温度达到100℃，并保持此温度12小时左右，以确保灭菌彻底，然后停止加热，再利用余热闷闭8小时再出锅。若采用高压蒸汽灭菌法（图2-21），温度为128℃（蒸气压力147.1千帕），灭菌1.5～2小时，即可达到灭菌的目的。采用高压蒸汽灭菌则使用聚丙烯塑料袋。

图2-21　常压灭菌

5. 接种

将经高温灭菌的料袋置于无灰尘、蚊虫的清洁干燥通风处冷却，待料降温至28℃左右即可开始接种。具体程序是将料袋、栽培种及各种接种工具一起放进接种室，熏蒸或喷雾灭菌。药品以过氧乙酸较好，使用浓度以1%～3%为宜。其优点是灭菌快，效果好（尤其对木霉杀死力强），无药害，无刺激气味。接种时点燃酒精灯，用灭菌镊子将菌种搅成花生米般大小的碎块。接种需两人操作，一人持菌种瓶，一人持料袋。在点烧酒精灯无菌区域内，打开料袋，使菌种瓶口对着袋口，迅速将菌种均匀地撒在袋料表面，形成一薄层。然后将袋口套上塑料环，将塑料袋口翻下，再在环上盖上牛皮纸或报纸，用橡皮筋箍好即可（图2-22）。按此方法，完成另一端的接种，并封好袋口。操作时，动作要快，接种时不要说

图2-22　封袋口

话，菌种应选健壮、菌龄短、无杂菌无感染的菌种，从各个环节防止杂菌污染。熟料栽培用种量一般为培养干料的5%左右。

6. 发菌管理

熟料袋栽发菌管理的技术关键是合理排放菌袋，适时进行倒袋翻堆和通风，控制好发菌温度和环境温度等（图2-23）。熟料袋栽的料温变幅较小，菌袋温度变化主要受环境温度影响，为了更好地控制发菌温度，菌袋的排放形式一定要与环境温度变化紧密配合，当气温在20～25℃时，菌袋可采用“井”字形摆放，以4～6层为宜，当气温升高至28℃以上时，以2～4层为好，当气温超过30℃时，菌袋必须单层贴地摆放，同时要加强通风换气。并及时进行翻堆散热，将上层及下层与中间料袋对换位置，防止料温过高烧坏菌丝。正常情况下，每隔7～10天要倒袋翻堆一次，以调节袋内温度与袋料湿度，改善袋内水分分布状况和袋间受压透气状况，促进菌丝生长一致。光线宜弱不宜强，菌丝在弱光和黑暗条件下能正常生长，光线强不利于菌丝生长。经过20～30天，菌丝即可长满袋。

图2-23　发菌

7. 出菇管理

此阶段是能否获得高产的重要时期。管理重点是控制较低的温度，保持较高的湿度，加强通风换气，促进子实体形成与生长。

（1）子实体形成阶段管理。当菌丝长满培养袋后，将菌袋重新摆放。菌袋应南北单行摆放，有出菇架的摆放床架上，无出菇床架的可就地摆放，堆高10～15层，行间留80～100厘米的通道，通道应对着南北两侧的通风口。栽培袋长满菌丝后，由于菌丝还未达到生理成熟，继续培养几天，一般即可自然出菇，为了尽快出菇和出菇整齐可进行催菇。催菇方法如下。

图2-24　平菇原基

一是降低温度和加大昼夜温差，加大昼夜温差为8～10℃；二是增加湿度，每天向出菇棚空间喷雾状水2～3次，使空气相对湿度达到80%以上；三是增加光线，使出菇棚保持较强的散射光，一般以能正常看书看报即可。一般催菇5天左右，菌袋两端就可形成子实体原基（白色菌丝团，可以分化出子实体），即出菇（图2-24）。凡袋口采用套环报纸封面的，应将封口纸除去，凡采用线绳扎口的，要解开扎线，拉开袋头，暴露料面，以促使菇蕾迅速生长。

图2-25　发育期平菇子实体

（2）子实体生长阶段管理。经催菇形成子实体原基后，要加强管理，严格控制环境条件，促进子实体生长（图2-25）。一是拉大温差，刺激出菇。平菇是变温结实，只有加大温差才能正常出菇。菇棚温度控制在10～20℃，控制方法与菌丝体阶段相同。超过20℃，子实体生长较快，菌盖变小，而菌柄伸长，降低产量与品质；温度低于10℃，子实体生长缓慢，低于5℃，子实体停止生长。菇棚内出菇的，利用早晚气温低时加大通风，加大温差，刺激出菇。低温季节，白天注意增温保温，夜间加强通风降温；气温高于20℃以上时，应加强通风和进行喷水降温，以加大温差，刺激出菇。二是加强水分管理。水是子实体生长极重要的环境条件。菇棚空气相对湿度应控制在85%～90%，不能低于80%。每天用喷雾器向出菇棚空间喷水2～3次，保持地面潮湿。当子实体菌盖直径达2厘米以上时，可少喷、细喷、勤喷雾状水，补足需水量，以利于子实体生长。

切忌向菇蕾直接喷水。三是加强通风换气。子实体生长阶段要加强通风换气。子实体生长需要大量的新鲜空气，气温高时，每天通风3次，每次20～30分钟，低温季节，每天1次，每次30分钟，以保证供给足够的氧气和排出过多的二氧化碳。氧气不足和二氧化碳积累过多，将出现子实体畸形，表现为菌柄细长，菌盖小或形成菌柄粗大的大肚菇。四是增加光照。子实体生长需要一定的散射光，可诱导早出菇、多出菇，黑暗则不出菇，光照不足，出菇少，柄长、盖小、色淡、畸形。但不能有直射光，以免把菇体晒死。

8. 采收

当平菇菌盖基本平展、颜色开始变淡时，菌盖和菌柄的蛋白质含量较高，纤维素含量较低，是最适采收期（图2-26）。此时产量高，菌盖边缘韧性好，破损率低，菌肉厚实肥嫩，菌柄柔软，纤维化程度低，商品外观好，经济价值高。

图2-26　成熟平菇子实体

9. 后潮菇管理

采完一潮菇后，要把料面清理干净，将死菇和残留在培养料中的菇根捡净，停止喷水，养菌5～7天后再进行出菇管理。

（二）发酵料栽培

发酵料栽培就是将培养料进行堆制发酵后直接进行开放式接种栽培的一种方法，是目前平菇大面积栽培最常用的栽培方法。

1. 常用配方

（1）棉籽壳100千克，复合肥1千克，石灰粉2千克，多菌灵0.2%。

（2）棉籽壳1 000千克，菇大装5～6袋，复合肥10千克，石灰粉20千克，多菌灵0.2%。

（3）玉米芯85千克、麸皮10千克，玉米面5千克，尿素0.2千克，复合肥1千克，石灰3千克，多菌灵0.2%。

（4）玉米芯850千克，麸皮100千克，玉米面50千克，菇大装5～6袋，尿素2千克，复合肥10千克，石灰30千克，多菌灵0.2%。

2. 培养料配制和建堆

选择避风遮阴、地面平坦的水泥地面，按配方将各种原料拌匀后，建成底宽1.3～1.5米、顶宽0.8～1.2米、高1.0～1.5米，长度不限的发酵堆（图2–27）。也可建成方形堆。每堆投料冬季不少于500千克，夏季不少于300千克。用料过少，料温升不高，达不到发酵目的。堆料要松，表面稍加拍平后，用直径5～6厘米的木棒，每隔30厘米自上而下打一个透气孔，均匀分布，以改善料堆的透气性。堆内插上温度计，随后在料堆顶部覆盖草帘或麻袋等（图2–28）。一般不用塑料薄膜覆盖，防止发生厌氧发酵。如果遇雨可用薄膜覆盖，但雨后一定要及时去掉薄膜。

图2–27　建堆

图2–28　覆盖草帘

3. 翻堆

建堆后由于堆内中高温型好气性菌类活动产生代谢热，堆温会逐渐升高。高温季节24小时左右、低温季节48小时左右，堆温可升到65℃以上（堆顶以下20厘米处）。当堆温达65℃以上，维持24小时左右进行翻堆（图2-29）。

图2-29　翻堆

翻堆后重新建堆，稍加拍平后，打孔、覆盖，继续发酵。重新建堆后，堆中氧气充足，微生物活动旺盛，当料温达到65℃以上时保持24小时，进行第二次翻堆。如此翻堆3～5次。翻堆时往往发现堆底中心原料颜色变浅、发酸，这是局部通气不良、厌氧发酵的结果。重新建堆时，加强通气即可消除。翻堆时若发现料中出现大量白色粗壮线状菌丝，这是嗜热放线菌，它的存在是堆料温度较高和水分偏干的反映，不是杂菌，不必担心。一般棉籽壳发酵5～7天、玉米芯发酵7～9天，温度低时适当延长。

4. 拆堆装袋

当培养料松散而有弹性，略带褐色，无异味，含水量60%～65%，不发黏，质感好，料堆上有适量的白色放线菌菌丝时（图2-30），发酵完成，即可拆堆装袋。

图2-30　发酵好的培养料

用宽25～26厘米的塑料筒截成长50～52厘米的塑料筒，一头扎紧，先放一层菌种、装10厘米左右料，再放一层菌种、再装料，共装3层料，四层菌种（图2-31）。两端菌种多些，中间二层菌种少些、沿袋壁放；装料时随装随压紧：要做到两头紧、四周紧中间松。扎口后用小钉在每层菌种处扎8～10个小孔通气，然后运到培养室发菌。

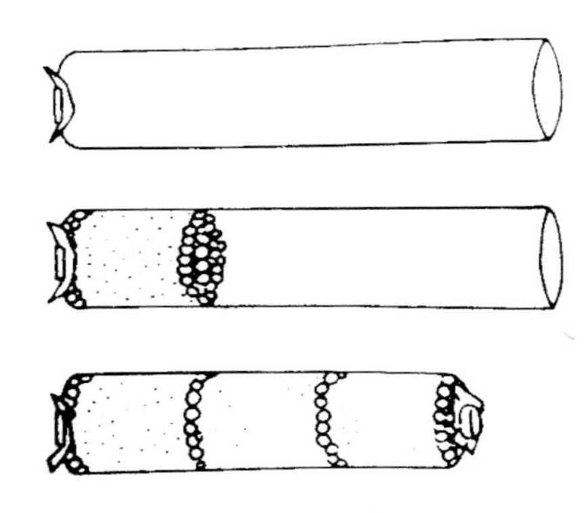
图2-31　层播

5. 发菌

培养室及周围环境要保持清洁，菌袋进场前，用5%石灰水刷洗墙壁、地面，干燥后用气雾消毒剂（2克/米^2）或甲醛（5～10毫升/米^2）加敌敌畏熏蒸灭菌、杀虫。

气温28℃以上，菌袋单摆；低于28℃可以横卧叠放，根据气温高低叠放2～5个，发菌3天后要注意检查菌袋温度，每天检查3～5次，袋表温度最好保持在28℃以下；一旦超过，就要及时翻堆、打开门窗通风、减少堆放层数。一般25～35天，菌丝即可发满全袋，然后转入出菇管理。

6. 其他

发酵料栽培的出菇管理、采收和后期管理与熟料栽培基本相同。

三、金针菇高效栽培技术

（一）栽培季节

利用自然温度栽培金针菇，选择适宜的生产季节是获得优质高产的重要环节。先根据当地气候特点，找出气温稳定在5～15℃的具体时间（出菇适温），向前推约50天左右即是适宜的栽培期。

南方一般在晚秋（10—11月）时节接种，北方以中秋季节（9月中下旬）接种。可以充分利用自然温度，经过50天左右的菌丝培养，达到生理成熟时，天气渐冷，正适合子实体生长发育的低温气候，一般在11—12月进入出菇期。夏季可利用冷库生产金针菇，以有效解决市场淡季问题。

金针菇主要采用熟料袋栽，从接种到采收为45～60天。

（二）塑料袋栽培技术

1. 常用培养基配方

（1）棉籽壳88%，麦麸（米糠）10%，石膏1%，石灰1%，水适量。

（2）棉籽壳44%，玉米芯44%，麦麸（米糠）10%，石膏1%，石灰1%，水适量。

（3）棉籽壳25%，玉米芯53%，麦麸（米糠）10%，石膏1%，石灰1%，水适量。

（4）棉籽壳38%，木屑25%，麦麸或米糠32%，玉米粉3%，石膏1%，石灰1%，水适量。

2. 拌料

人工拌料时，将主料摊薄，不需溶解的麸皮、玉米粉、石灰、石膏等辅料混匀后撒入主料，需溶解的过磷酸钙等辅料溶解后均匀拌入主料中。最后用清水拌至含水量。为使料充分吸水最好堆闷1～2小时，使装袋前的最终含水量达到约70%，pH值8.0左右。

3. 装袋

栽培金针菇一般采用17厘米×33厘米的塑料袋装料。拌好的料要求当天装完，开始装时应将袋底边角用料填实，装袋时要求边装边压实，装满袋后，用直径为2厘米的锥形木棒打一接种孔，加3厘米×3厘米套颈圈后用棉塞封口。装袋需装紧，让培养料紧贴袋壁，表面要光滑，不可凹凸不平，防止金针菇子实体从袋壁空隙间长出，造成浪费，也可预防培养料表面菇蕾数量减少。不要让棉塞接触到培养料，以免棉塞吸湿引起杂菌污染。

4. 灭菌

高压灭菌，152千帕压力下保持1～2小时；常压灭菌，100℃保持10余小时。

5. 接种

培养料温度降至常温时，进行无菌接种。接种时2～3人一组，一人拔下棉塞，另一人取菌种并迅速移入待接袋内，最好进入接种孔内（越深越好），然后封口即可。整个接种过程要求干净利落。接种后，轻轻摇动菌袋，让少量菌种进入接种孔内，这样可以加速养菌过程，一般可以缩短养菌时间10～15天，而且菌丝上下一起生长，菌龄比较一致。

6. 发菌期管理

接过种的料袋放在培养室，保持温度23～25℃，让菌种尽快萌发生长，8～10天后，将温度降低2～3℃。当料内菌丝发至料深的2/3时，室温降至20℃左右，减慢菌丝生长速度，使菌丝长得健壮旺盛（图2-32）。

图2-32　发菌

菌丝培养时，还要保持室内空气相对湿度在65%～70%、充足的氧气和较弱的光线。培养过程中还要经常翻堆，将中间的袋换到外边，上层的换到下层，以利于菌丝均匀生长。结合翻堆检查有无杂菌感染，发现有污染的袋子及时挑出。

7. 搔菌

搔菌的目的是除去原来的菌种块及菌丝生长过程中产生的菌膜。旧菌块和新菌膜都会影响子实体的形成，必须除去才有利于子实体生长。

通过搔菌去掉老菌皮和菌种，培养基表面长出新菌丝，新菌丝生命力强，分化子实体的能力也强，同时，菌柄的伸长好，比不搔菌的更硬挺，并能长出菌盖圆形、菌肉厚的金针菇。具体方法是，将长满菌丝的菌袋的棉花塞和茎环去掉，再将塑料袋上端部分完全撑开，接着从袋口处把塑料袋往下卷至距培养料表面3～4厘米处，然后用铁丝制成的搔菌耙将培养料表面的老菌皮和菌种一起耙去并弃除（图2-33）。不可将培养料耙除，否则菌丝受到损伤，难以愈合，推迟出菇时间。如果大规模栽培，搔菌方法较简单，可以戴上消过毒的塑料手套，将培养基上的菌块拣去即可。为了防止杂菌污染，搔菌工具在使用前必须在酒精灯火焰上灭菌。搔菌过程中，如发现染上杂菌的菌袋，搔菌工具必须重新清洗并灭菌后再使用。

图2-33　搔菌

8. 催蕾

搔菌之后，栽培室内的温度要调到10～15℃。经低温刺激，料表面出现淡黄色露珠，接着幼嫩的菇蕾开始形成（图2-34）。此时要将室内空气相对湿度提高到85%～90%；增加通气，每日早、中、晚各通风1次，每次20～30分钟；给予散射光照。

幼菇形成初期洒水时要注意，不可一次过多，过多的水会沿着菇柄向下流至基部，易引起基部变褐，甚至引起“根腐病”，造成减产。室内空气相对湿度提高到90%，在洒水时

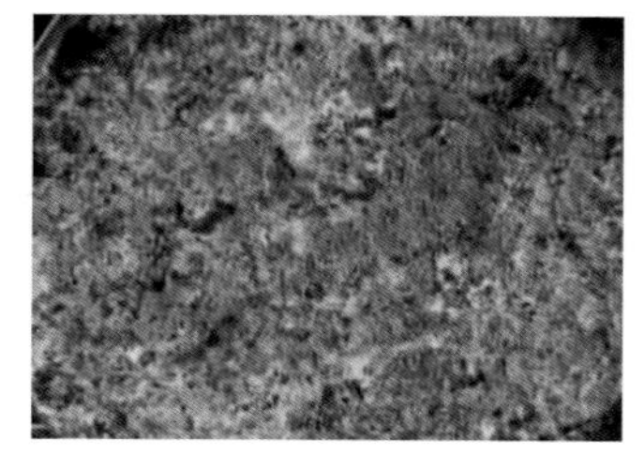

图2-34　金针菇菌蕾

要同时进行通风。如室内氧气不足，会影响菌盖形成，长时间通风不良只长针状子实体。

9. 抑制

在现蕾3～5天后，菌盖仅有半个绿豆大小，菌柄刚伸长1～2厘米时，应立即进行抑制。抑制是在幼蕾形成后减缓其生产速度，通过调节室内的温度、湿度、通风及光线来进行。通过抑制可使子实体长得粗壮整齐。

抑制方法有降低温度、降低湿度、适当增强通风、适当延长光照时间。抑制的温度为5℃。抑制阶段停止洒水，使室内空气相对湿度降下来。增加通风时间，同时用40瓦日光灯进行光抑制。以上抑制措施维持2～3天，使金针菇生长速度放慢，菇体较大的受抑制明显，菇体小的受抑制不显著，其结果是抑大促小，使小菇赶上大菇，达到均匀生长的目的。

10. 子实体生长期管理

抑制后，保持环境温度为10℃左右、空气相对湿度为85%～90%，加大通风量，促使金针菇生长。金针菇袋栽有立式出菇（图2-35）和卧式出菇（图2-36）两种方式。下面介绍立式出菇技术，将塑料袋直立于架上或地面上，袋上端空余的塑料袋要撑直。

图2-35　立式出菇

图2-36　卧式出菇

金针菇具有在低温下生长的特性，在冬季适当采取调控措施，不需要加温完全就可以满足金针菇子实体生长要求。从12月至翌年3月，自然气温低，室内空气相对湿度较为稳定，洒1次水可保持3～5天较高的空气相对湿度，加上白天开窗进暖空气、晚上关窗保温等措施，可使室内保持8℃左右的温度。金针菇子实体在这样的环境下虽然生长速度稍慢，但菇体长得粗壮均匀、光泽晶莹、品质上乘。翌年3月，平均气温为10～14℃，菇体新陈代谢旺盛，生长速度加快。针对这种情况，要加强通风管理，增加洒水次数，使室内既有较高的空气相对湿度，又保持良好的通风，在较高的气温下亦能培养出商品性好的金针菇。

11. 采收

袋装金针菇从接种到采收需要45～60天。当金针菇柄长约15厘米，盖半球状时，成丛扭收（图2-37）。不宜太迟，以免柄基部变褐色，基部绒毛增加而影响质量。

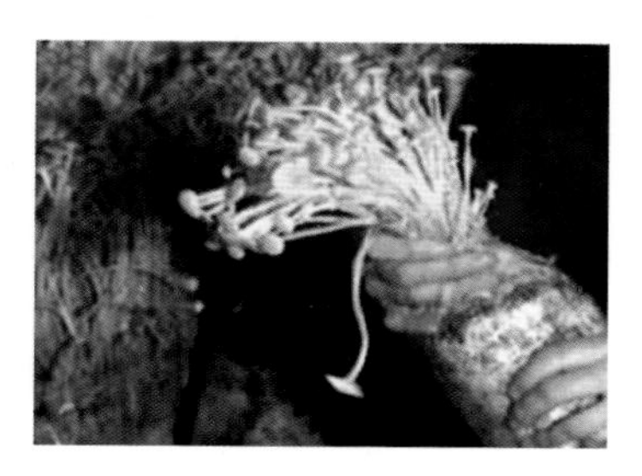

图2-37　采收

12. 采后管理

（1）常规管理

搔菌，去除老菌皮，覆盖停水约5天，喷重水，待其再出菇。

（2）高产管理

出过2茬后，将袋下部膜割去，埋畦中或垒筑菌墙。

四、黑木耳高效栽培技术

黑木耳的栽培方法有段木栽培和代料栽培两种。

（一）段木栽培

黑木耳段木栽培是利用段木培育黑木耳的技术，主要过程有场地的选择、耳树的选择和处理、人工接种、上堆发菌、散堆排场、起架、出耳管理、采收及加工。段木栽培周期长、耗费林木资源，但产出木耳质量优质。

1. 场地的选择

栽培黑木耳的场地，应选择在海拔1 000米以下、光照时间长、向阳避风、气候温暖、昼夜温差小、空气流通、湿度大、水源方便、耳树资源丰富的地方。场地选好后要清理耳场，把杂草、枯枝烂叶等清除干净，挖好排水沟，并在地面撒石灰和喷敌敌畏等进行灭菌杀虫。

2. 耳树的选择和处理

栽培黑木耳的耳树，主要是壳斗科和桦木科等的树种，不能用含有芳香性杀菌物质的树种。树种材质要求较紧实、边材多、心材少、树皮不宜脱落。树龄以5～10年生为宜，树径为8～15厘米合适。

砍树时期一般从树木进入休眠之后到新芽萌发之前，砍树10～15天后，进行去梢、剃枝，不要上层树皮，截成1～1.2米的段木，长短尽量一致，方便后期管理。然后架晒在地势高、通风向阳的地方，堆成“井”字形，使其尽快失水。每隔10天左右翻动一次，使段木干燥均匀，至含水量35%～40%，即可进行接种。

3. 人工接种

接种就是把人工培养好的菌种点种到加晒好的耳棒上，接种时间，一般以气温稳定在15℃以上时。不能在雨天和直射光下接种，最好在雨后的晴天接种。人工接种常用的菌种有木屑菌种、枝条菌种和楔形木块菌种。接木屑和树枝菌种的，要先在耳目上打孔。一般纵向种穴间距离10～12厘米，穴深1.5厘米，横向种穴间距离为4～6厘米。第一个穴要距段木端部2厘米处，相邻穴孔呈梅花状排列。木屑菌种要装满穴，不宜过紧，之后加盖树皮盖，用锤子轻轻敲打，盖平、盖紧，也可用石蜡封口。

接枝条菌种的，打孔要按枝条菌种的大小来打穴，穴距与木屑菌种相同，接种时先在穴底部撒些木屑菌种，然后将枝条菌种插入孔内，种木要与耳木平贴，不需加盖树皮。打穴、接种、盖盖等要连续，以保持接种穴、菌种和树皮盖原有的湿度，以有利于菌种的成活。采用楔形木块菌种的，要用接种斧或木工凿，在段木上凿成45° 角2厘米深的接种口，然后用小铁锤将楔形木块菌种打入接种口，锤平、锤紧。人工接种适当提早接种，有利早发菌、早出耳，同时提早接种气温低，可减少杂菌、害虫的感染。

4. 上堆发菌

接种后，为保持较高的温湿度和足够的空气，以促使菌种在耳木中早发菌、早定植，必须立即将耳木堆积起来。其方法是先用石头把段木垫高12厘米左右，然后将接种好的耳木，排成“井”字形的架，分层堆叠成1米高的小堆（图2-38），四周用薄膜覆盖，堆温控制在22～28℃，空气相对湿度保持在80%左右。上堆后每隔6～7天翻堆一次，调换耳木上下左右内外的位置，使温湿度一致，发白均匀。堆后1～2周不用喷水，如果耳木干燥，可适当喷水，待树皮稍干后，再覆盖薄膜。一般经3～4周的堆叠，黑木耳的菌丝已长入耳木，接种穴表面会形成白色菌膜，周围木质颜色变浅，说明菌种已经定植成活，即可散堆排场。如果没有定植成活，要及时进行补种。

图2-38　黑木耳段木栽培上堆发菌

5. 散堆排场

当菌丝延伸到木质部并产生少量耳芽时，应及时散堆排场。散堆排场，目的是使菌丝向耳木深处蔓延，并使其从生长阶段迅速转入发育阶段。排场的场地要求向阳潮湿，并有适当遮蔽，排场时将耳木一根根平铺在有短草的湿润的地面上，或覆瓦式摆放，在场地上架上枕木，枕木距离地面高度30～50厘米，耳目排放时大头着地、小头排放在枕木上，耳木间要留有一定的空隙。排场管理的关键是控湿，使空气湿度控制在70%左右，每隔2～3天喷水一次，每隔10天左右要将耳木翻动一次。排场一般需要1～2个月。

6. 起架

接种后3个月左右，耳芽大量发生便可起架。起架前要清理耳场，用石灰粉和药物进行消毒。一般采用“人”字形起架方式（图2-39）。先埋2根木桩，用铁丝相连，铁丝距离地面约70厘米，将耳木交错斜放在横木上，耳目之间要保持5～6厘米的间距，耳架南北向摆放，使耳木受光均匀。起架后根据天气情况喷水，干燥天气每天浇水1～2次，相对湿度保持在90%，6～7天后子实体成熟，采收后，干燥3～4天，干湿交替，15天左右可再采收一次。可连续采收3年。

图2-39　黑木耳段木栽培“人”字形起架

7. 出耳管理

耳木起架后，水分管理最为重要，子实体生长需要干湿交替的环境。天气干燥时，用喷雾管喷雾，每天喷水1～2次。一般在下午或黄昏时喷水，不要在中午喷水。每次采耳后，停水4～5天，让耳木在阳光下晒一段时间，然后再喷水，促使产生耳芽。出耳期含水量控制在50%左右，过干过湿都会影响耳芽产生及其生长发育。出耳期的温度控制在20～24℃。出耳期需光照，耳场要全光照射。

8. 采收及加工

成熟的黑木耳，颜色由深转浅，耳片舒展变软，肉质肥厚，耳根收缩，子实体腹面产生白色孢子粉时，应立即采收。

采收的时间，最好在雨后初晴或晴天早晨露水未干，耳片柔软时进行。采收时用手指齐耳基部整朵摘下，并把耳根处理干净，以免溃烂滋生杂菌。如遇阴雨天，要及时采摘，以免造成烂耳。

采下的黑木耳，摊在晒席上晒干，尽量摊薄。未干前不得翻动，防止耳片内卷失去美观，半干后要勤翻动，这样耳片不会卷曲在一起，朵型美观。阴雨天可把湿耳在室内摊开晾干，等晴天再晒或用炭火烘干。干制的黑木耳，随即装入塑料袋，干燥通风处保藏，以防吸潮变质。

（二）代料栽培

黑木耳代料栽培，就是利用纤维素、木质素较多的农副产品作为培养基，进行栽培的一种方法。与段木栽培相比，代料栽培具有充分利用资源，节省木材，生产周期短，成本低，经济效益高等特点，适合农户家庭栽培，也可进行规模化生产。

1. 代料种类及配方

原材料：锯木屑、米糠、麦麸、棉籽壳、玉米芯、玉米秆、甘蔗渣和稻草等。

培养料配方如下。

木屑配方：锯木屑78%，麦麸（米糠）10%，棉籽壳10%，蔗糖1%，石膏粉1%，加水混合。

玉米芯配方：玉米芯73%，麦麸5%，棉籽壳20%，蔗糖1%，石膏粉1%，加水混合。

棉籽壳配方：棉籽壳88%，木屑10.5%，石膏粉1%，生石灰0.5%，加水混合。

培养料要选择新鲜无霉变的原料，木屑一般选用阔叶树种，宜粗不宜细。含芳香类木屑不可选用。玉米芯一般先在日光下暴晒1～2天，然后用粉碎机粉碎至玉米粒大小的颗粒。注意不要粉碎得过碎，这样会影响培养料的通气性。

2. 拌料

代料栽培的方式较多，目前常用的主要是塑料袋栽培法，该方法的栽培流程是培养料的配置、装袋与灭菌、接种、发菌期管理和出耳管理。

将粉碎好的原料用2～3目的筛子过筛，以清除木片树枝和杂物，再按配方比例称取配料进行混合，料水比一般为1∶（1.3～1.4），含水量60%左右，可采用人工搅拌或使用搅拌机搅拌，边搅拌边加水，直至水料均匀。配料的pH值应该在7～7.5，然后进行装袋。

含水量测试方法：抓取一把配料使劲握紧，指缝间有少量水分渗出、伸开手掌成团、掉到地上散开，说明水分合适。

3. 装袋与灭菌

袋料黑木耳可用17～33厘米的专用菌袋，可以人工装袋，也可以机器装袋，装料至袋的4/5处，中间打一个20厘米的透气孔，套上特制的颈圈，塞上棉塞，保证氧气的供给。装袋上下松紧度要一致。装好的料袋要进行灭菌，才能接入菌种。灭菌常采用常压蒸汽灭菌，温度达到100℃，灭菌8～12小时，立即停火，以保证灭菌彻底。灭菌要做到：防止存在灭菌死角，防止中途降温，防止烧焦料袋，防止灭菌后料筒被污染。

4. 接种

灭菌后待培养料冷却至30℃以下时搬入接种室，在接种箱内进行接种。接种前做好菌种预处理，剪除棉塞，剔除老菌种块，进行表面消毒后放入接种箱。所有接种工具要进行灭菌。接种时，用灭菌的镊子将原种弄碎，使原种瓶口对着袋口将菌种均匀地撒在袋料表面形成薄层。操作时候注意无菌操作，动作要快，减少杂菌污染机会。

5. 发菌期管理

（1）耳房选择和消毒。接种好的菌袋要及时放到培养室进行发菌。耳房要求通风、保温保湿、控光效果好。使用前彻底打扫，清除容易滋生病虫的杂物。菌棒移入前10～15天进行杀虫和后两天进行空间消毒。发菌室要进行熏蒸，常用的熏蒸剂有高锰酸钾、甲醛、硫黄粉和专用烟雾剂。

（2）菌袋堆放。培养室内搭建分层式培养架的，菌棒采取分层排放。堆叠培养的，一般堆高8层，并以“井”字形或三角形堆放。掀开封口膜后堆与堆之间要有20厘米的距离作为通风道。

（3）控温换气。温度开始控制在26～28℃，菌丝吃料后控制在24～26℃，随着菌丝生长逐渐降温，最后控制在18～20℃。空气湿度控制在55%～65%。木耳生长过程中需要新鲜的空气，因此发菌室必须进行定期通风换气。掀开封口膜或套袋时，袋内温度迅速上升，排出二氧化碳增加，要加强通风换气，每天早晚通风两次，每次30～60分钟。气温低于20℃时在中午通风。掀开封口膜或套袋前培养场所进行一次杀虫处理。

（4）光照。发菌期要进行暗培养，控制好光照，对于光照较强的房间窗口要进行遮光。光线会导致黑木耳菌丝提前形成原基，强光则影响发菌速度。

6. 刺孔催耳

适宜条件下，菌丝经过50～60天全部发透。菌丝长满后进行一次全面刺孔，刺孔前培养场所进行杀虫处理。刺孔大小为扁形孔径0.6厘米，圆形孔径0.4厘米，深0.5厘米，每袋刺孔150～180个，均匀分布（图2-40）。

图2-40　刺孔催耳

刺孔后，大量氧气进入菌棒内部，菌丝受刺激，生理活动增强，产生大量热量和二氧化碳。此时要做好散堆工作，将菌棒"△"或"井"字形堆放，创造良好的通风散热条件，增加散射光，促进菌丝恢复，并促进原基形成。也可选择阴天或晴天将发好的菌棒直接搬至耳场，然后边打孔边排放。

7. 排场出耳

（1）耳场选择。耳场要求路、电、水方便，水源等环境无污染。

（2）整地搭架。畦床整成龟背状，畦高15厘米，宽1.3米，长不限，畦间距50厘米作操作道。沿着畦的纵向架设靠架，靠架行距30厘米、高25厘米，用铁丝连接而成。地面铺设一层稻草或毛草，防止耳片被泥土沾染和杂草生长。

（3）架设喷水设施。耳场田块上方1.2～1.5米架设喷水管或安装雾化程度较好的微喷头，间距依喷水器的喷水半径而定。

（4）露天排场。选择晴天或阴天排场（图2-41），进行室外栽培，不搭荫棚。

图2-41　耳袋露天排场

8. 出耳管理

菌丝长满袋后移到出菇场进行出菇管理（图2-42）。菌棒排场后前2天不喷水，以后看情况，分次、短时喷水，防止菌棒脱水。出耳阶段温度控制在22～24℃，不能低于15℃或高于30℃，在菌袋开口后空气相对湿度要保持在90%左右，以促进原基的分化。高温高湿和通气不好时，容易引起霉菌污染，发生烂耳。如果遇到高温，要加强通风，早晚多喷水等方法降温。要尽量减少对耳片直接喷水，在菌袋表面喷雾状水，以耳片湿润不收边为准，以免造成烂耳。

图2-42　黑木耳袋栽出菇阶段

黑木耳是好气性真菌，要加强通风换气，尤其在气温高、湿度大时更应该注意通风换气。同时增强光照。木耳在出耳阶段需要有足够的散射光和一定的直射光，增加光照强度和延长光照相对时间能增加耳片的蒸腾作用，促进其新陈代谢，可以使耳片肥厚、色泽变黑，品质更好。另外，要经常转动菌袋，使菌袋受光均匀，提高木耳产量。

9. 采收和加工

黑木耳成熟后要及时采收进行相应的加工，以免木耳腐烂变质而减产。采收的方法与段木栽培黑木耳所用的方法一致。一潮耳采收后，停止喷水，待菌丝恢复，再进行下一潮出耳管理。

第三章　食用菌侵染性病害防治

一、木霉病

（一）病害特征

木霉可侵染多种食用菌，在制种和栽培阶段均可为害，在生料、熟料、发酵料、发菌期间均可发生，甚至在出菇阶段也有发生，可造成双孢蘑菇、真姬菇、香菇、平菇等多种食用菌发生毁灭性的污染。木霉的菌丝成熟期很短，往往在一周内即可达到生理成熟，然后即生出绿色霉层，即其孢子层（图3-1）。培养料被侵染后，菌丝阶段不易察觉，直到出现霉层时才能引起注意；起初只是点状或斑块状，当条件适宜或食用菌菌丝生长较弱时，很快发展为片状，直至污染整个料床或菌袋（图3-2、图3-3），若不及时采取措施，菇棚内短时间即可成一片绿色，其孢子到处飞散，周边棚墙上也将附着大量木霉孢子，给食用菌生产造成毁灭性的打击。

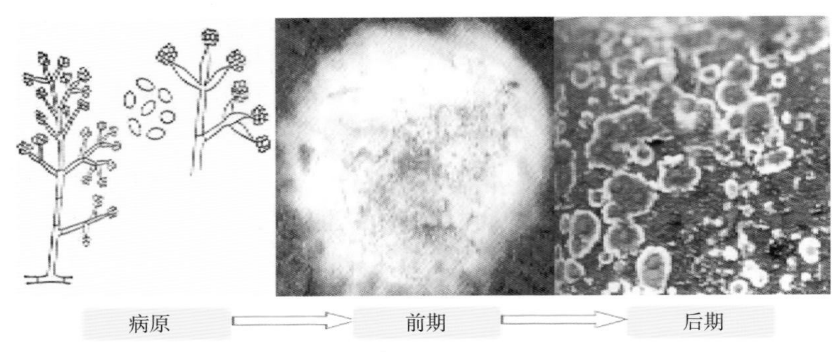

图3-1　木霉

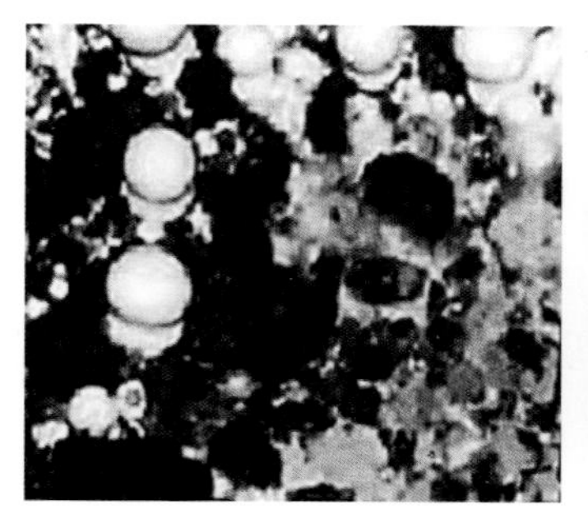

图3-2　双孢蘑菇菌床感染木霉

图3-3　被感染的菌袋

（二）发生规律

木霉主要生存在稻草、朽木、枯枝落叶、土壤、有机肥、植物残体上和空气中。许多栽培的老菇房，带菌的菇具和场所是主要的初侵染源，已发病所产生的分生孢子，可多次重复侵染。木霉发病率的高低与环境条件的关系较大，木霉孢子在15～30℃、湿度90%时萌发率较高，菌丝体在25～30℃时生长较快。因此，在高温、高湿、通气不良和培养料呈偏酸性时，很容易滋生木霉。

（三）防治方法

（1）栽培拌料时加入25%抑霉唑水乳剂250～500毫克/千克，并进行二次发酵灭菌，以彻底杀死病菌。

（2）菌种或菌袋发菌以及出菇前期，每10天左右对菇棚空闲处喷洒25%抑霉唑水乳剂2 000倍液。

（3）发现木霉后，及时用25%抑霉唑水乳剂1 000倍液喷洒或注射、涂抹污染区培养料和菌袋，污染严重的培养料或菌袋要及时作深埋处理。

二、根霉病

（一）病害特征

图3-4　根霉侵染菌种

培养基或培养料受根霉侵染后，初期表现为匍匐菌丝向四周蔓延，每隔一定距离就长出与基质接触的假根，通过假根从基质中吸取物质与水分。后期在基质表面0.1～0.2厘米高处形成圆球形的小颗粒体，即孢子囊，初形成时为灰白色或黄白色，成熟后变成黑色，整个菌落的外观如一片林立的大头针，这是根霉污染最明显的症状。根霉菌丝与食用菌菌丝接触时，常在交接处形成明显拮抗线（图3-4）。

（二）发生规律

根霉为喜高温的竞争性杂菌，适应性强，分布广，经常生活在陈面包或霉烂的谷物、块根和水果上，也存在于粪便、土壤和死亡的动植物体上；孢子靠气流传播；菌丝只能分解吸收富含淀粉、糖分等的速效性养分，生料和发酵料不易遭受根霉侵染，而熟化的培养基在高温期间接种和发菌时极易遭受侵染。根霉在20～35℃期间繁殖活跃，20℃以下菌丝生长速度下降；喜高湿偏酸的条件，在pH值4～7时生长较快，培养物中碳水化合物过多易滋生此类杂菌。

（三）防治方法

根霉在高温高湿、偏酸、培养物富含碳水化合物的条件下易受侵染。

（1）适当降低发菌室温度（<25℃）能有效控制根霉的繁殖速度，减低为害程度。

（2）适当降低基质中速效性营养成分，如高温期制种制袋时在配方中适当减少麸皮含量，不添加糖分，也可降低根霉的为害程度。

（3）拌料时加入40%二氯异氰尿酸钠可溶性粉剂40～48克/100千克干料，或50%二氯异氰尿酸钠可溶性粉剂20～40克/100千克干料。其他防治措施可参照木霉的防治方法。

三、曲霉病

（一）病害特征

在食用菌的制种制袋和发菌过程中，曲霉的污染也很普遍，尤其在多雨季节，空气相对湿度偏高，瓶口棉花塞回潮时，极易产生黄曲霉。基质在灭菌过程中，也常因温度偏低或保温时间不够，导致灭菌不彻底，其中的曲霉孢子未被杀死，导致发菌10天后袋内出现斑斑点点的曲霉菌落（图3-5）。在南方多雨地区，曲霉污染周年发生，从试管种到栽培袋都遭到不同程度的损失。在马铃薯葡萄糖琼脂培养基上常因棉花塞受潮感染黄曲霉，进而污染试管内的菌种。在麦粒或各种培养基中，常因水分过多，麦皮、谷皮开裂，遭受曲霉侵染进而报废（图3-6、图3-7）。

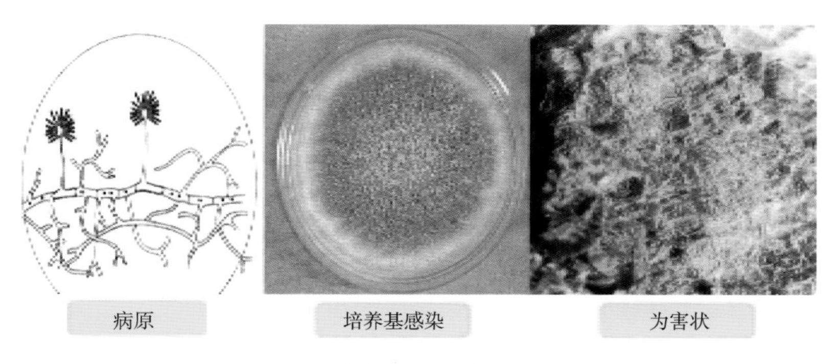

图3-5　曲霉

图3–6　曲霉侵染菌种　　图3–7　曲霉侵染草菇菇床

（二）发生规律

曲霉分布广泛，存在于土壤、空气及各种腐败的有机物上，分生孢子靠气流传播。曲霉对温度适应范围广并嗜高温，如烟曲霉在45℃或更高温度时生长旺盛，孢子较耐高温。培养基在100℃下灭菌10～12小时或125℃下灭菌3小时才能彻底杀灭其中的曲霉孢子。适合曲霉生长的酸碱度近中性，凡pH值近中性的培养料也容易被曲霉侵染；曲霉菌主要利用淀粉，培养料含淀粉较多或碳水化合物过多的容易发生；湿度大、通风不良的情况也容易发生。

（三）防治方法

①选用无霉变的原辅材料，培养料应加大石灰用量，以偏碱性条件控制曲霉菌发生。②菌袋制作时避免破损，培养料灭菌要彻底，避免灭菌时棉花塞受潮，接种时严格按照无菌操作，避免将病菌带入。③培养环境避免高温、高湿，搞好环境卫生。其他防治措施参照木霉的防治方法。

四、黏菌病

（一）病害特征

黏菌为害床栽、袋栽、段木栽培的食用菌，如蘑菇、平菇、香菇、毛木耳等。

黏菌主要生长在菇床料面、菌袋表面及段木上，经常是当天未发现，第二天就发现基物的表面长出一大团的原生质团，原生质团能慢慢移动，有的原生质团还可以移动到菇床床架、覆盖的塑料等上面。菌落颜色有白色、黄白色、橘黄色和灰黑色等。菌落形状有网络状、发网状、泡状等。若环境阴湿，其发展较快，逐渐连片，甚至覆盖整个菇床面。黏菌对食用菌的为害主要是污染培养料和段木，与食用菌竞争空间和营养，同时还可围食食用菌的菌丝和孢子。菇床受害会不出菇；菌筒受害，造成烂筒；段木受害，容易造成树皮脱落，杂菌大量滋生；食用菌子实体受害，易于腐烂，失去商品价值（图3-8、图3-9）。

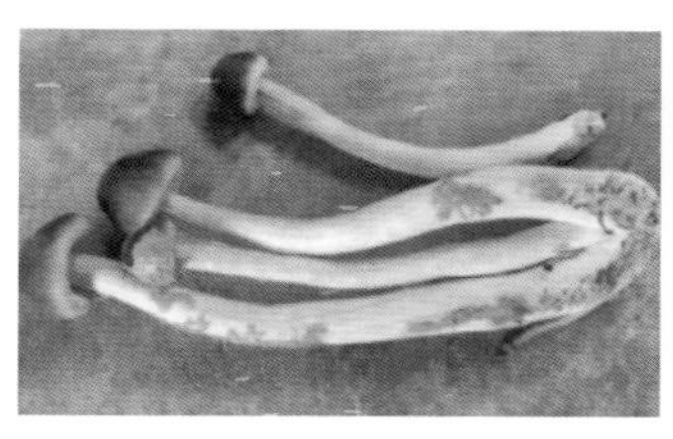

图3-8 黏菌侵染茶树菇

图3-9 黏菌侵染覆土灵芝

（二）发生规律

黏菌在自然界中分布广泛，生长在阴湿环境中的腐木、枯草、落叶、青苔及土壤中，由孢子和变形体通过空气、培养料、覆土、昆虫及变形体的自身蠕动进行传播。黏菌适宜生长在有机质丰富、环境潮湿且比较阴暗的地方。培养料含水量偏高、菇房（棚）通气不良、气温较高，有利于黏菌孢子的萌发与生长。

（三）防治方法

①床栽食用菌的培养料通过高温堆制和二次发酵，覆土材料要进行消毒处理，以杀死培养料与覆土中的黏菌。②袋栽食用菌要对周围环境进行消毒。③一旦发生为害，撒上石灰让其干燥

后将菇床中发病部位的培养料挖除，菌筒搬离菇棚，并控制喷水、加强通风、增强光线，防止栽培场所长期处于阴湿状态。

五、链孢霉病

（一）病害特征

链孢霉又称脉孢霉、红粉菌，其病害名称为红链孢霉病、红面包霉病、粉霉病，链孢霉是一种顽强、速生的气生霉菌，可侵染多种食用菌（图3-10）。

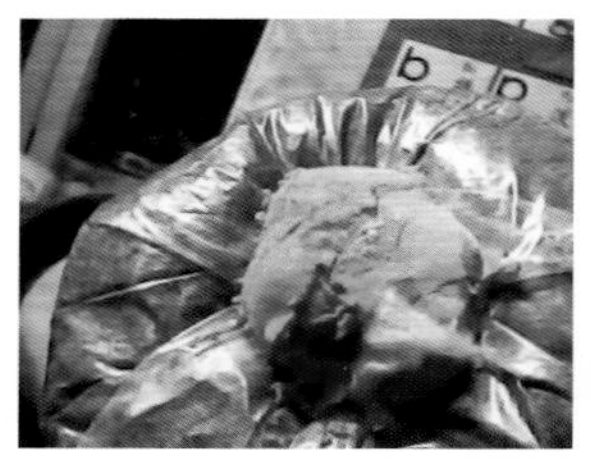
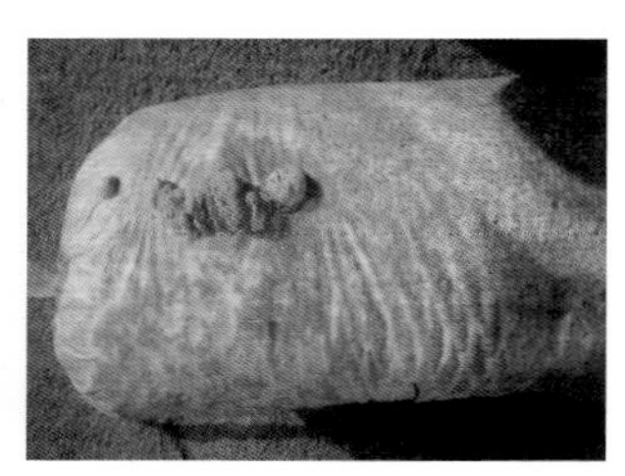

图3-10　链孢霉

受污染菌种棉塞和培养料上，初期长出灰白色或黄白色纤细菌丝，菌丝呈棉絮状，几天后迅速变成橘红色或粉红色的粉状霉层，此霉层蓬松，粉量多，可明显高出料面，霉层厚达1厘米，在高温高湿条件下能迅速生长，1～2天内可传遍整个培养室，常引起整批菌种和培养料污染报废（图3-11、图3-12）。

图3-11　链孢霉污染的菌袋

图3-12　链孢霉污染的菌床

若菇蕾形成期被侵染，则看不到正常的菇蕾，有大量畸形病菇提前3～4天出现，且不能进一步分化成为菌盖和菌柄，呈硬马勃状团块。若幼菇生长期被侵染，病菇菌盖发育不正常或停止，菇饼膨大变形、变质，呈各种扭歪畸形，病菇后期内部中空，菌盖菌柄处长有白色绒毛菌丝，进而变成暗褐色腐烂，有臭味。若子实体生长的中后期被侵染，轻则菌盖表面产生许多瘤状突起，重则在菌褶和菌柄下部出现白色毛状菌丝，渐成水泡状，渗出水滴，褐腐死亡。此病害大量发生时，还能散发出酒的味道，走进培养室若闻到一股酒味，则很可能发生了链孢霉污染。夏、秋两季制种或栽培时，要预防这种杂菌污染，一旦被此菌污染，将会造成很大的经济损失，并且很难彻底清除。

（二）发生规律

链孢霉是典型的高温、好气性杂菌，主要侵染熟料制种及培养料，对生料及腐熟料一般不形成侵染，其多发生在春末、夏初及初秋季节，气温10℃以下时较少形成侵害，或者几乎不能产生侵害。菌种室的空气湿度过大、通风不良也有助于此菌的发生和传播。链孢霉平时生长在各种有机物质上，如潮湿的甘蔗渣、玉米芯、玉米秆以及棉籽壳等均极易发生。因此，菌种生产的房间内外的环境卫生与杂菌污染有直接关系。其生活能力强且生长速度极快，特别适合高温高湿的条件。

（三）防治方法

（1）预防措施。选用抗病品种，菇房严格消毒，培养料进行高温堆制发酵和后发酵处理，培养初期宜低温培养。加强对培养料接菌时的无菌操作，可使用碘伏消毒液对器械、工具、人手表面严格消毒。消毒菌包，栽培时菌包的封口宜采用塑料薄膜材料，如用棉塞需控制棉塞的湿度；如需覆土栽培，覆土材料要在使用前5～6天用多菌灵、咪鲜胺锰盐或抑霉唑消毒。

（2）管理措施。如覆土栽培初发病时，应立即停止喷水，加大通风量，降低空气湿度，使温度降至15℃以下；发病严重时，应除掉带病覆土，更换新土，烧毁病菇。如培养室局部菌包发生链孢霉，应立即用塑料薄膜把污染部分包扎紧，拿到远离培养室的地方深埋或烧掉，防止增加培养室内的湿度，避免用喷雾器等药械直接向污染处和培养室内喷射杀菌药物，以免同时引起分生孢子扩散，污染环境，造成更严重的污染。

（3）药剂防治。如覆土栽培感染链孢霉，应清除病菇后，用50%多菌灵可湿性粉剂500倍液或45%咪鲜胺悬浮剂1 500～2 000倍液喷洒床面。

六、细菌病

（一）病害特征

污染食用菌菌种和培养料的细菌种类很多，尤其在高温季节，试管培养基在灭菌和接种过程中，常因操作不当而被细菌侵染，细菌很快长满斜面，接入的菌种块被细菌包围，导致接种失败，试管种报废（图3-13）。谷粒及麦粒培养基被细菌污染后，表面有水渍状黏液，并散发出腐烂性臭味，致使成批的菌种报废（图3-14）。栽培袋或栽培瓶受细菌污染后，培养料局部出现湿斑，并且食用菌菌丝生长缓慢，出菇延迟，产量下降。培养料在低温和通气不良时发酵，堆料温度难以上升会演变为细菌性发酵，致使培养料黏结，颜色变黑

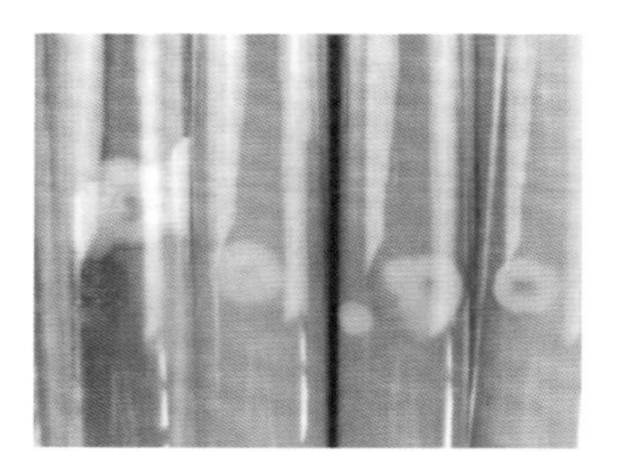

图3-13　细菌污染试管母种

图3-14　细菌污染麦粒培养基

并散发酸臭气味，即使再经灭菌处理，接种菌种也难以萌发和吃料。在生产中常因细菌污染而损失大量的菌种和发酵料。

（二）发生规律

细菌广泛分布于自然界中，在培养料、水、空气及土壤中都有其芽孢和菌体，昆虫活动、喷水和人工操作是主要的传播方式。培养基灭菌不彻底、接种操作不规范、培养料含水量过大、栽培场所清洁条件差、空气相对湿度过高、通气不良等均是细菌污染发生的重要原因。此外，由于细菌芽孢耐高温，培养料常因灭菌设备漏气等而造成灭菌不彻底，导致接种后第二天即有细菌污染的发生。细菌在pH值3～7的范围内均能保持高侵染力。

（三）防治方法

①培养基灭菌彻底。母种培养基要彻底灭菌，以杀死所有杂菌。高压灭菌要排净冷空气，0.15兆帕121℃下灭菌30分钟。原种、栽培种培养料和熟料栽培的培养料，高压蒸汽灭菌3小时，或常压灭菌达到100℃后保持10小时以上。②接种工具要彻底灭菌。接种工具用牛皮纸和聚丙烯薄膜包裹，随培养基一块灭菌，此法灭菌彻底，省工省时；或是用火焰灼烧彻底灭菌，要求接种钩（铲）进入试管部分都要彻底灼烧，杀死所有杂菌。③保持接种室干净清洁，每天进行消毒。接种时严格按无菌方法操作，尽量避免杂菌污染。④接种后1～3天认真检查菌种，挑出被杂菌污染的试管。避免因检查不仔细造成母种带菌。尤其要注意颜色淡白、菌苔很薄、肉眼不宜察觉的细菌菌落。培养7天后，这些菌落容易被平菇菌丝体遮盖，形成带细菌的母种、原种、栽培种和栽培袋，一般要2～5天检查1次。⑤原种、栽培种和栽培用培养料要严格按配方配料，严防水分过多，接种时可在培养料中加入低毒有效杀菌剂或加入2%的石灰水，用以控制装袋期间的细菌繁殖污染。

七、病毒病

（一）病害特征

图3-15　病毒侵染紫灵芝

病毒的症状因病毒粒子的浓度、感染时间、菌种及栽培条件的不同而有差异（图3-15）。蘑菇病毒病表现为菌丝生长速度缓慢、稀疏、变褐色、菌落边缘不整齐，出菇量少甚至不出菇；已长出的子实体表现出各种畸形症状：子实体成熟早、易开伞，孢子小、释放快、萌发快。香菇病毒病表现为菌落发黄，菌丝难以在培养基上发菌、稀疏，子实体菌柄肥大、菌盖球形，菇体细小而薄弱，提早开伞。平菇病毒病在菌丝上没有明显的特征，出菇期在子实体上表现为菌柄膨大呈近球形或烧瓶形，不形成菌盖或只形成很小的菌盖，后期产生裂缝，露出白色菌肉；菌柄扁形弯曲，表面凹凸不平，菌盖小，边缘波浪形或具深刻；菌盖及菌柄上出现明显的水渍条纹或条斑。

（二）发生规律

病毒主要以带毒的菌丝及孢子进行传播。真菌病毒以长期潜伏感染为主，其症状的突发往往以病毒数量的骤增作为前提，菌种退化与病毒感染密切相关，退化的菌种更易感染病毒，而感染病毒的菌种则加速了它的退化。使用带毒的菌种，菇床上潜伏的带毒菌丝、孢子及感病子实体产生的大量孢子，是引起发病的主要原因。正在旺盛生长的蘑菇菌丝能刺激病毒孢子萌发。健康菌种长出的菌丝和感病孢子长出的菌丝间的融合，就会传播病毒并致菌丝感染。一般子实体发育早期感染病毒，对产量有极大的影响，而后期感染则对产量影响不大。

（三）防治方法

食用菌病毒病，目前还没有有效的药物可以治疗，主要采取预防措施。①选用无病毒的菌种，加强菌种生产质量的管理，及时认真检查和观察菌丝的生长情况，一旦发现问题，则要及时处理。②菇房器具要严格消毒，老菇房特别是发现病毒侵染的菇房，要彻底清扫、消毒，防止病菇组织残留而传播病毒。③培养料要进行充分发酵。④发生病毒的菇房要在子实体开伞之前采完，防止带毒孢子扩散。⑤有条件的菇房可使用带空气过滤器的通气设备。

八、湿泡病

（一）病害特征

湿泡病又名湿腐病、白腐病、疣孢病、褐腐病。病菌只侵染子实体，不侵染菌丝体。可以在子实体发育整个过程侵染发病。若菇蕾形成期被侵染，则菇床看不到正常的菇蕾，而形成马勃状组织；若幼蕾生长期被侵染，可造成菌盖发育不正常或停止生长，菇柄肿大变形，菇房湿度大时，菌盖表面有琥珀色液滴渗出；在子实体生长中后期被侵染，双孢蘑菇菌盖表面产生许多瘤状突起，随后子实体逐渐有琥珀色液滴出现，有恶臭味，子实体停止生长（图3-16、图3-17）。

（二）发生规律

有害疣孢霉是一种土壤真菌，在菇房内通过水滴、作业工具、害虫、工人等途径传播，其孢子可在土中存活几年。蘑菇菌丝能刺激病菌孢子的萌发，当蘑菇由营养生长转变为生殖生长，即从形成菌索到产生菇蕾时，是病菌侵染的有利时机。菇房内通气不良、温度高、湿度大时病菌极易暴发。有害疣孢霉的最适生长温度为25℃，20℃条件下分生孢子产生量最大，<10℃和>32℃很少发病。在堆料发酵过程中孢子经55℃、4小时或62℃、

2小时即可达到杀灭病原菌的效果。蘑菇从病原菌侵染到症状出现需要10天以上，生长中的蘑菇菌丝能刺激有害疣孢霉孢子的萌发。第一潮菇发病时其病原往往来自覆土材料或旧菇床，其后续出菇发病，则主要由于水、采收工具及昆虫等带菌传播引起。

图3–16　草菇菇床感染湿泡病

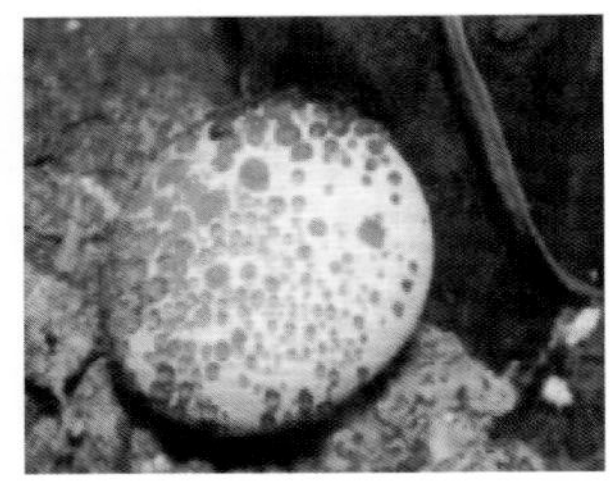
图3–17　草菇感染湿泡病

（三）防治方法

防治疣孢霉，以防为主，重点是覆土消毒。

①选取远离食用菌栽培场所、不含食用菌废料的土壤，最好为河底或池塘底泥，或稻田里20厘米以下的中层土。土壤须经太阳暴晒，再经巴氏消毒或覆土灭菌后使用。②栽培场所须消毒，及时清除栽培房内的废料，做好场地清洁，并对场地进行彻底的消毒处理，在新料进入栽培场所之前必须完成这些清洁和消毒工作。有条件的栽培场所可利用蒸汽消毒，一般70～75℃持续4小时即可达到菇房消毒灭菌的效果，然后通风干燥。此外，栽培房床架等生产工具最好能采用钢材和塑料等无机材料制作，这类工具在冲洗和消毒后可有效阻止病菌孢子的附着生存。③在发病区，培养料宜用低毒有效杀菌剂拌料，如50%咪鲜胺锰盐可湿性粉剂、500克/升噻菌灵悬浮剂。在菇床出现病菇时要及时挖除，并撒上生石灰、杀菌剂（50%咪鲜胺锰盐可湿性粉剂0.4～0.6克/米^2；40%噻菌灵可湿性粉剂0.3～0.4克/米^2）等，让其

干燥。病区不要浇水，防止病菌随水流传播扩散。

九、干泡病

（一）病害特征

蘑菇干泡病又称轮枝霉病、褐斑病，是一种世界性的蘑菇真菌性病害。不侵染菌丝体，只侵染子实体，但可沿菌丝索生长，形成质地较干的灰白色组织块。染病的菇蕾停止分化；幼菇受侵染后菌盖变小，柄变粗变褐，形成畸形菇；子实体中后期受侵染后，菌盖上产生许多针头状大小、不规则的褐色斑点，并逐渐扩大成灰白色凹陷。病菇常表层剥落或剥裂，不腐烂，无臭味（图3-18、图3-19）。

图3-18　平菇感染干泡病

图3-19　双孢菇感染干泡病

（二）发生规律

轮枝霉菌的初侵染源来源于覆土材料，而分生孢子是再次侵染源。休眠的菌丝可以存活相当长时间。轮枝菌的分生孢子表面包被极黏的黏液，正是这种黏液把孢子黏附到尘埃、蝇类、螨类和采菇者身上而传播。喷的水也是散布病原菌和孢子的重要途径，孢子会随水喷洒到菇床和地面进一步传播。轮枝菌的孢子萌发温度为15～30℃，最适生长温度为22℃左右。在最适温度下，从被侵染到表现出侵染症状（畸形症状）仅需10天左右，而菌盖出现病斑等侵染症状仅需3～4天。双孢菇菌丝体和子实体能刺激轮枝霉菌分生孢子萌发。该菌不侵染菌丝体，但可沿着菌丝生长，随后侵染子实体。喷水过多、覆土太潮湿、通风不良，都会导致该病害大发生。

（三）防治方法

①主要是隔离，防止病区和其他培养料之间菌丝体相连接是很有效的限制此病传播的方法。菇房安装纱门、纱窗，防止菇蚊、菇蝇等害虫进入。②不用采过病菇的手整理菇床。③通风降温降湿，控制褐斑病的发生。④病区撒石灰或盐等。

十、黄斑病

（一）病害特征

平菇染病后出现黄斑或整丛菇黄化现象，病菇呈水渍状，但不发黏、不腐烂（图3-20）。黑色平菇出现黄斑后色差明显，严重时多潮菇均发病，产出的菇体因失去商品性而报废（图3-21）。

图3-20　平菇感染黄斑病

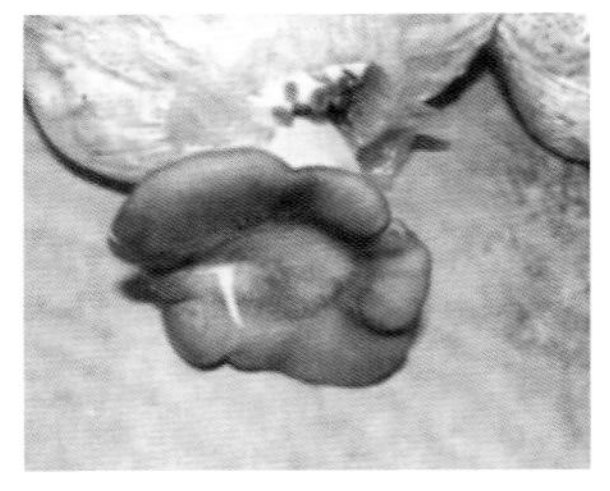

图3-21　黑色平菇感染黄斑病

（二）发生规律

该菌分布广，可通过土壤、水、空气、培养料、害虫、病菇和管理人员等途径进行传播。当环境条件不适合假单胞杆菌生长时，它的存在并不为害菇体，但在向子实体喷水过多，菌盖长时间积水、高温、通风不良时，该菌会迅速繁殖为害菇体。在平菇生产中，该病多从11月开始发病，高发期为3—5月；高温高湿、通风不良条件下发病重；通常情况下黑色平菇比浅色的发病率高，且发病严重；种植年限长的菇棚发病重，特别是多年连续种植平菇的棚室；栽培管理中浇水不当，如多次浇淋使菇体表面和体内吸水处于饱和状态，或棚室内大量积水致湿度过高的发病重。此外，菇蚊、茹蝇可传播病菌，加重为害，当菇房内菇蚊蝇虫量高时，该病发生也重。

（三）防治方法

①按季节选用适宜的栽培品种。②菇房内保持通风状态，适当降低菇棚内空气相对湿度。③发病后及时摘除病菇，停止浇水，喷施5%石灰水可有效控制病害的蔓延程度。做好出菇环境的管理是关键，避免高温高湿，加强通风换气才可以杜绝此类病害发生。④采用防虫网、黄板、诱虫灯等物理防控技术，阻隔、诱杀菇蚊蝇，减少传播介体，避免病害进一步扩散蔓延。

十一、胡桃肉状菌

（一）病害特征

胡桃肉状菌也是一种土传病原真菌，其子囊果成堆时呈不规则状，形如胡桃肉，故称为胡桃肉状菌，也称菜花菌。该菌多数发生在覆土后，双孢蘑菇、姬松茸出菇期间发生，先在土层中形成一层白色绒毛状菌丝，略带铁锈味。

病菌侵染蘑菇菌种时，在未长满的菌种瓶中出现浓密的白色菌丝，菌丝较短，有许多小白点（图3-22），不形成菌被。拔掉棉塞，会闻到一种漂白粉味道。已长有蘑菇菌丝的培养料被感染后，会出现成串、不规则的白色“子实体”，向四周扩散，并有浓烈的漂白粉味，蘑菇菌丝逐渐消失。在覆土层中与培养料上形成不规则脑状物，表面有不规则的皱褶，极似胡桃仁和花椰菜（图3-23）。子囊果有时可集成很大一团，直径可达3～8厘米。但很容易分开成许多小块，直径0.5～1.5厘米不等。菌肉疏松质软，捏破后有一股令人厌恶的腥臭味。

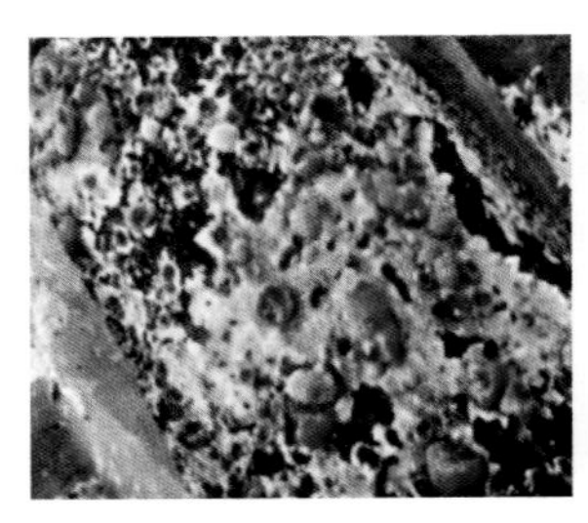

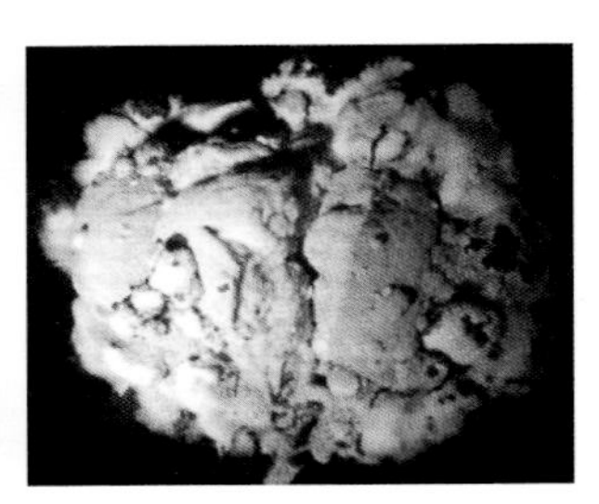

图3-22　蘑菇菌床为害状　　图3-23　蘑菇为害状

（二）发生规律

该病在高温高湿、通风不良、发酵不好或土壤没有消毒的菇床上容易发生。土壤是胡桃肉状菌的主要传染源，没有充分发酵的培养料及感染胡桃肉状菌的蘑菇菌种也是菇床上的发病菌源。另外，操作人员、工具、昆虫、螨虫都可以传播此病。还有旧菇房原有的床架、地面没有彻底地进行消毒就继续使用，也是造成该病流行的原因。

（三）防治方法

胡桃肉状菌有较强的耐热和抗药能力，又是土壤中的一种常见病菌，发生为害时，它和蘑菇菌丝混杂在培养料中，只能采取综合防治措施。

（1）不要从病区购买原种或栽培菌种。

（2）患过此病的菇房，要严格消毒，有条件的地方，应淘汰旧的竹木床架。

（3）堆制培养料要防止料偏湿，保证堆温上升到75℃左右。胡桃肉状菌在70℃以上保持12小时就会被杀死。培养料中要增添石灰粉，调高pH。

（4）在选择土壤时，不要选择在上年已发生病害的蘑菇废料田挖取覆土。应在无病区，挖取土表下30厘米的土壤，然后用50%咪鲜胺锰盐可湿性粉剂0.4～0.6克/米^{2}拌土至湿润状态，用薄膜闷盖3～4天进行消毒。

（5）菇房的管理要注意通风换气，要防止菇房形成一个高温、高湿又不通气的不良环境。对已发生胡桃肉状菌的床面，要马上撒上一层生石灰粉，面积比发病区大，同时，停止喷水10～15天，检查该病是否已被控制，再将菌料和病土粒取出菇房处理，覆上新土粒。当气温下降到15℃以下时，再喷水。过一段时间后，还能长出蘑菇。

十二、双孢蘑菇细菌性病害

（一）病害特征

双孢蘑菇细菌性病害发病急、暴发快，在蘑菇生长期病害中为害最为严重，主要有褐斑病、腐烂病等。细菌性褐斑病的症状为菇体表面出现铁锈色或褐色凹陷病斑（图3-24），菇体黄化，严重影响品质。细菌性腐烂病的症状为菇体出现黄色水渍状病斑，病斑扩展快，造成菇体腐烂，并散发臭味。

图3-24 细菌性褐斑病

（二）发生规律

该病菌在自然界中分布很广，土壤、空气中都有存活，菇蝇、线虫、工具和工作人员都可传播。菇房环境卫生差，用水不洁净，棚温18℃以上，通风条件差，菇体表面长时间保持有水膜就容易发病。在高温高湿条件下几小时就能感染菇体，并产生病斑。

（三）防治方法

（1）菇房做好环境清洁工作，合理做好增湿与通风的协调，高温期注意降温和加大通风，菇房温度控制在28℃以下，空气相对湿度控制在90%以下。

（2）不要使菇面挂水，防止土面过湿。

（3）发病时，在菇床及周围环境喷施40%二氯异氰尿酸钠可溶粉剂2 000倍液。

十三、菌床鬼伞

（一）病害特征

鬼伞是一群草腐伞菌，是蘑菇栽培中经常发生的一种杂菌，菇床上发生的鬼伞种类较多，为害程度也有差异。有的只是与蘑菇争夺营养，有的则可以抑制蘑菇菌丝的生长。在菌种生产过程中，鬼伞还可污染菌种。发生初期，其菌丝白色，易与蘑菇菌丝混淆，但鬼伞的菌丝生长速度快，且颜色较白，并很快形成子实体（图3-25）。鬼伞多发生在蘑菇覆土之前，覆土之后则很少。鬼伞子实体出现在料堆周围或床面上，子实体单生或群生，柄细长，菌盖小，灰至灰黑色，发生很快，从子实体形成到溶解成墨汁状只需1～2天。鬼伞与蘑菇争夺培养料，从而影响蘑菇产量。

（二）发生规律

鬼伞常腐生于有机质丰富的草地、林间或潮湿腐解的草堆和畜粪堆上，其担孢子通过气流传播。菇床上发生鬼伞菌：一是空气中的担孢子沉降到床面堆肥，二是土壤或粪肥等带菌。蘑菇播种后约10天内可见鬼伞子实体，堆肥氮素营养过多，pH呈弱酸性反应以及播种后菇房通风不良，温度、湿度过高，均易发生鬼伞。堆肥存室外发酵时若长过鬼伞又不及时处理，便会导致鬼

图3-25　不同鬼伞子实体形态

伞在床面发生。鬼伞子实体在溶解之前，可产生大量担孢子，并四处传播。堆温较低，料堆过湿，氨气较多的培养料最适于鬼伞生长。

（三）防治方法

（1）配制优质堆肥，要求选用新鲜、干燥、无霉变的草料及畜粪，并进行高温堆制。堆制好培养料，提高堆温，降低氨气含量，防止培养料过湿，以便抑制鬼伞生长。若堆料周围长有鬼伞，应注意将产生鬼伞的料翻入中间料温高的部位，以便杀死鬼伞孢子。料进房后进行二次发酵处理，进一步将残存的鬼伞孢子杀死。

（2）控制合理的碳氮比，防止氮素养分过多，同时适当增加石灰用量，使堆肥的pH呈碱性。

（3）菇床上发生鬼伞之后，适当降低室内湿度，提早覆土，可抑制鬼伞子实体生长。

（4）床面发生的鬼伞，应及时摘除销毁，以免成熟后孢子四处传播。

第四章　食用菌生理性病害防治

一、死菇

（一）病害特征

在栽培过程中，大量子实体死掉，尤其在第二批菇以后更容易发生。出菇过密，小菇过多，子实体生长所需的营养供应不上，会使大批菇蕾、幼菇死亡（图4-1）；在菇蕾米粒大小时直接打重水，菇蕾太小，重水会引起死菇；小菇在形成时遇到高温（20℃以上），呼吸作用增强，菇房又通风不良，二氧化碳过量，水分、养分供应不足，可引起死菇；出菇较密时，采菇不慎松动周围菌丝，会影响旁边的小菇吸收营养而使小菇死亡。

图4-1　草菇死菇

（二）防治方法

（1）适时栽培。蘑菇属中低温结实性菌类，子实体发育最适温度为16℃。

（2）投足培养料。蘑菇的生长发育与任何生物一样，需要有充足的营养基础。

（3）科学用水。蘑菇对水分和湿度极为敏感，栽培时应考虑菇棚内相对湿度和堆肥的水分。

（4）通风换气。蘑菇的正常生长发育必须吸收氧气，排出二氧化碳，并散发代谢热。

二、子实体早开伞

（一）病害特征

蘑菇最易发生早开伞，如幼嫩未成熟的子实体产生菌幕和菌柄分离而引起提早开伞，或出现菌柄细长、薄皮早开伞的子实体。产生的原因：一是菌种不纯或感染病害或因温度急剧下降造成10℃以上温差，同时，室内湿度又偏低而发生硬开伞。二是蘑菇旺产期，出菇过密，温度偏高（18℃以上），室内二氧化碳浓度过高，而出现柄细长、薄皮早开伞的子实体。子实体的早开伞，严重影响了蘑菇的产量、质量和商品价值（图4-2、图4-3）。

图4-2　金针菇子实体早开伞

图4-3　双孢菇子实体早开伞

（二）防治方法

蘑菇出菇期间，要注意天气预测预报。既要做好低温来临前的保温工作，减少温差，也要注意做好室内控温，不使菇房气温高于18℃；注意菇房内的通风换气和增加空气相对湿度；在蘑菇旺产期要防止出菇过密，并严格控制喷水。

三、畸形菇

（一）病害特征

食用菌在出菇期间遭遇到不可抗拒的高温、低温或者温差较大的刺激，会造成生理失调，使菇体畸形或死亡。此外，空气相对湿度低于70%，二氧化碳浓度过高及供氧不足，都易长成畸形菇。如平菇出菇期间遇到高温和光照不足时，子实体菇柄细长，菇盖较小，且颜色苍白，子实体像高脚酒杯（图4-4）。中温平菇在高温下形成厚菌皮或长成“鸡爪式”菌盖；草菇在15℃以下时会出现萎缩软化和死亡现象；杏鲍菇在温差较大或温度偏高时易出现畸形子实体；鸡腿菇在春季温差较大时，生长不稳定极易出现死菇现象。灵芝出芝温度低于22℃时，菌盖难以形成，易形成长而弯曲的菌柄（图4-5）。

图4-4　平菇遇高温为害状

图4-5　灵芝遇低温为害状

由缺氧引起的各种食用菌畸形表现症状存在差异，如平菇子实体一般呈现菜花状分枝、高脚形、珊瑚形及无菌盖的肥脚菇等（图4-6）；香菇则表现为菌盖和菌柄扭曲；灵芝则表现为鹿角状分枝；杏鲍菇表现为无菌盖或菌盖扭曲（图4-7）；毛木耳则出现“鸡爪耳”；鸡腿菇子实体出现鸡爪菇；猴头菇子实体呈现花菜状（图4-8），毛刺状物短且分枝；草菇出现肚脐菇

（图4-9），银耳出现团耳等。

图4-6　平菇缺氧状

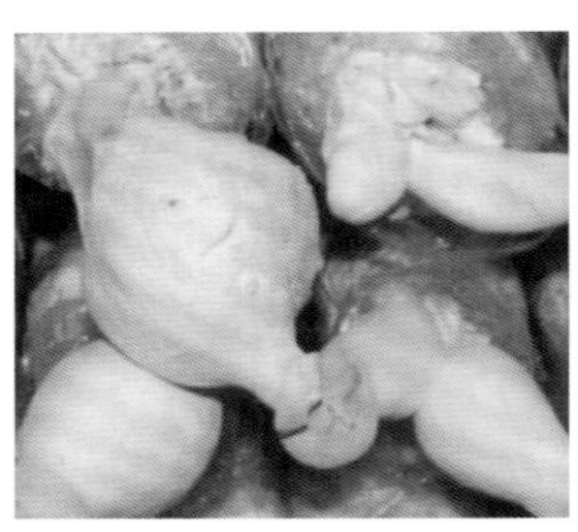

图4-7　杏鲍菇缺氧状

图4-8　猴头菇缺氧状

图4-9　草菇缺氧状

（二）防治方法

（1）合理安排出菇季节，将出菇温度控制在13～20℃，避免在20℃以上出菇。子实体生长期间菇房内空气相对湿度保持在80%～90%，满足子实体生长发育所需水分条件。

（2）防止出菇棚内的出菇袋数过多而造成缺氧现象。选用通气性强、土粒大小适当、松软通气的土质做覆土材料。

（3）一旦发现畸形菇，要立即改善通气状况，使之尽早恢复正常生长。畸形严重的原基应尽早摘除，让其重新分化，生长出正常的菇体。

四、菌丝徒长

（一）病害特征

菌丝徒长会造成养分空耗，菌皮过厚，影响子实体发生。如双孢蘑菇播种后菌丝一直旺盛生长，并持续不断地向覆土层表面生长，绒毛状菌丝大量冒出土层，浓密成团，严重时形成不透水的菌被，并不形成子实体或推迟出菇或不出菇的现象，俗称“冒菌”（图4-10）。这种现象常发生于蘑菇调水以后，主要由于菇房温度过高，湿度大及通风换气不良的环境条件造成。另外，播种期偏早，播种后温度较长时间处于20～25℃，迟迟不能下降而有利于菌丝生长，不利于子实体的形成，此外与菌种的种性也有关。

图4-10　鸡腿菇菌丝徒长

（二）防治方法

（1）一旦发生菌丝徒长，应加大菌床的通风量，降低菌床、菌袋的相对湿度，迫使菌丝收缩倒伏。

（2）培养料配方中，氮源使用要适量。常用的麦麸或米糠等，其用量宜控制在15%～20%，以避免菌丝生长过旺，延长生理成熟时间。

五、幼菇萎缩干枯、空心菇

（一）病害特征

因为生理缺水和空气相对湿度过低，或蘑菇覆土层过干等导致。幼菇及菇丛生长瘦弱，菇体从顶向下萎缩枯死，分化形成的小菌盖及菌柄呈皱缩干瘪状，菌柄中心发白、中空（图4-11、图4-12）。

图4-11　平菇幼菇枯萎

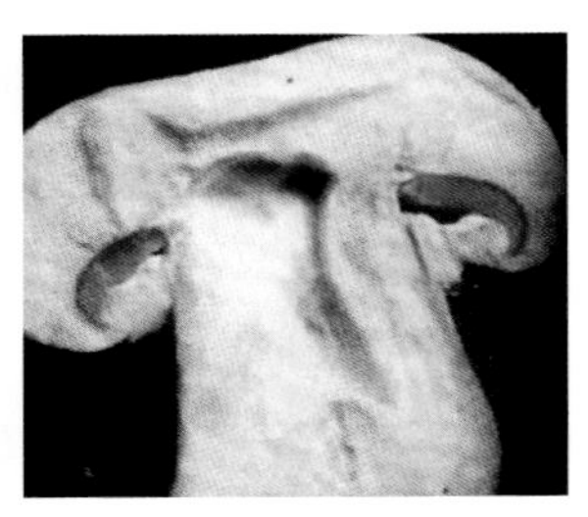
图4-12　蘑菇空心菇

（二）防治方法

（1）调节好培养料的含水量，出菇期保持菇房空气相对湿度在85%～90%。

（2）出菇前后培养料含水量过低时，应及时喷水。

（3）菇床或菌袋不要长时间受阳光暴晒和风吹。

六、湿度偏高引起的腐烂、流耳现象

（一）病害特征

当空气相对湿度长时间接近饱和状态，通风不良，菇体表面积水，遭受菇蚊、菇蝇等害虫为害造成伤口时，易被细菌侵染而发病。黑木耳耳片染病后，上耳片有胶质黏液流出、腐烂、发臭（图4-13）。

图4-13　木耳流耳

（二）防治方法

（1）出菇期间遇高温高湿、闷热天气时应停止喷水，加强通风可以降低环境温度和空气相对湿度。喷雾用水应使用井水、自来水等清洁水。

（2）对于已经发生病害的菇体要及时清理，清除杂草，杀灭菇蚊、菇蝇等害虫。

第五章　食用菌主要虫害防治

一、夜蛾

（一）形态特征

食用菌夜蛾害虫种类主要有平菇尖须夜蛾和平菇星狄夜蛾这两种。成虫（图5-1）体长约10厘米，翅展可达25厘米左右，雄夜蛾暗紫褐色，雌夜蛾主要为暗褐色。夜蛾卵近球形，初期青色至近菜绿色，成熟后变黄近黄褐色，表面具隆起的纵脊纹，其间夹杂横纹。夜蛾幼虫（图5-2）成熟时，体长可达30毫米，头部色深至黑褐色，具光泽，眼部黑褐色，两侧各表现出6个淡黄色斑。幼虫化蛹，体长10～13毫米，红褐色，近头部色深至暗红褐色，体表具少量点状刻突，头部顶端侧面密布刻点。

图5-1　夜蛾成虫

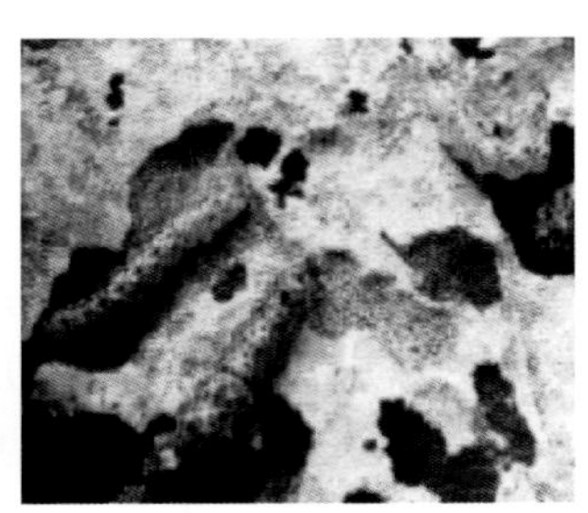

图5-2　夜蛾幼虫

（二）为害症状

食用菌夜蛾主要为害食用菌中的平菇、真姬菇等。平菇尖须夜蛾主要以平菇菌丝体和分化的子实体为食；而另一种平菇星狄夜蛾则杂食性较强，能以多种食用菌为食物。幼虫往往咬食平菇子实体（图5-3），将菇片咬成缺刻状、孔洞，并在伤口处排泄粪便，往往成为二次感染的病原。在栽培的间隔期，无食用菌子实体为害时，幼虫则咬食菌丝和未分化的原基，导致菌袋无法出菇。幼虫喜欢群集为害，尤其在栽培的灵芝背面，可见群集为害的夜蛾幼虫，咬食子实体，形成凹槽、缺刻（图5-4），使成长期的灵芝菌盖无法生长，即被夜蛾幼虫取食殆尽，往往只剩下灵芝菌柄。夜蛾这一类害虫常在夏、秋两季暴发，对喜高温的栽培食用菌产量和质量造成巨大损失。

图5-3　夜蛾为害平菇子实体

图5-4　夜蛾为害灵芝子实体

（三）发生规律

长江中下游一带，5—6月开始发生第一代幼虫，主要为害平菇和灵芝子实体；7—8月则开始发生第二代幼虫，主要为害栽培的灵芝；9—10月第三代幼虫发生，则对平菇为害最大。其后，以蛹的形式越冬，翌年温度上升至16℃以上时，蛹期结束，成虫开始出现，成虫产卵于栽培场所堆积的培养料和食用菌菌盖上。如果环境过干或过湿卵不能孵化。幼虫五龄，三龄后进入为害盛期，此时幼虫进食量暴增，为害最为严重，能将子实体菌盖吃成严重缺刻或蛀食成孔洞。幼虫期约13天，蛹期约15天，卵期约5天，成虫期5～10天。幼虫喜高温，在栽培场所环境温度达35℃左右，仍然能正常取食为害。在害虫无子实体为害时就会咬食培养料，老熟幼虫吐丝缀合培养料碎屑及粪便做茧，然后化蛹其中。茧挂于培养料及菌袋周围，幼虫在茧内化蛹。

（四）防治方法

①菇房使用前进行彻底的消毒杀虫。②注意菇房的清洁。栽培场所内新旧菌袋应分开隔离，杜绝混堆，以免旧菌袋所携带的害虫感染新菌袋；每季收完菇后的废菌包、剔除的菇体等废料要及时处理，栽培场所应及时进行彻底消毒，之后才能再开展下一茬的种植。③菌袋内若已发现幼虫，可采用诱杀的方式。④利用药剂防治。在种植期夜蛾暴发为害时，可以用4.3%氯氟·甲维盐乳油（0.13～0.22克/100米^2）等低毒农药喷洒菇房。⑤栽培期间应常检查出菇的子实体背面有无幼虫为害，虫口密度不大时，进行人工捕捉杀灭。

二、螨类

（一）形态特征

成螨（图5-5）：体卵圆形，白色，体长0.5～0.7毫米，体宽0.27～0.29毫米，体表光滑，有光泽，口器螯状，有足4对，各足胫节末端有发达的匙状爪1个，身体表面具很多光滑的长刚毛，体背有1横沟，把身体分成前、后两部分，4对背毛不等长。

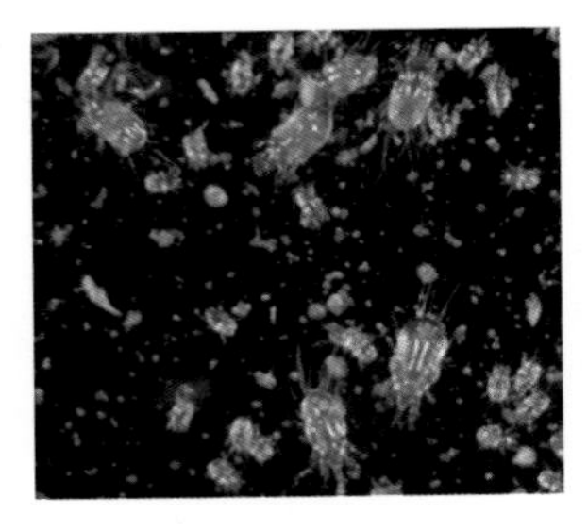

图5-5　成螨

卵：长椭圆形，乳白色，大小为0.1～0.12毫米。

若螨（图5-6）：乳白色，体形似成螨，体长0.15毫米，有3对足。

（二）为害症状

食用菌螨类害虫的为害性极大，成螨和幼螨藏匿于菇床培养料和土壤中咬食食用菌的菌丝，导致菌丝萎缩不长，严重时菌丝被吃光（图5-7）。为害子实体时，群集在食用菌的菌褶和菌盖上咬食为害，造成子实体表皮呈锈斑（图5-8），直至萎蔫、畸形或腐烂。螨类主要为害双孢蘑菇、平菇、草菇、凤尾菇、香菇、灵芝、猴头菇、金针菇等，对食用菌的为害很大。

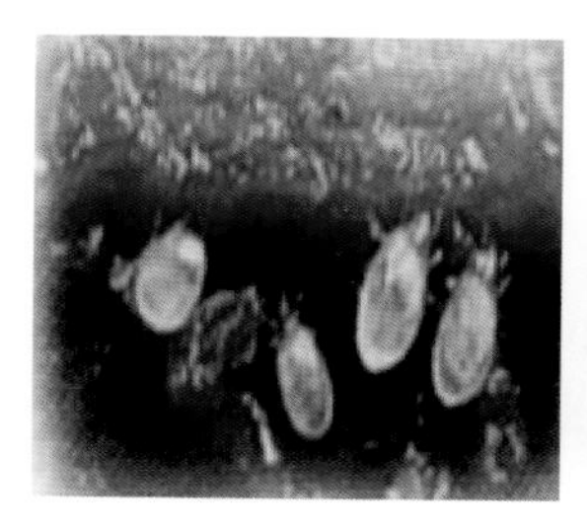

图5-6　若螨

图5-7　菌丝为害状

图5-8　蘑菇为害状

（三）发生规律

成螨可长期潜伏于粪堆、腐草以及菇房、菇棚墙壁缝隙之中，并可以自体繁殖，种群繁殖速度极快，1年可繁殖多代，每年11—12月是第一次发生高峰期，翌年3月中下旬温湿度适宜时进入第二次发生高峰期。在温度20～23℃下，14～21天可完成1代。雌、雄螨一生可交配多次，15～17℃条件下，产卵期28～30天，每雌可产卵85～100粒，一般将卵产于食用菌子实体的菌褶中，产卵最适温度为17～22℃，相对湿度大于70%环境中卵才能正常孵化。

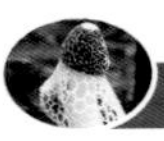

（四）防治方法

（1）搞好栽培场所的环境卫生，种菇前对菇房内外彻底消毒灭虫处理。

（2）选择新鲜未污染的培养料，杜绝螨类来源。

（3）培养料处理、培养料发酵时，堆温升高到60℃并维持5～6小时，建议进行后发酵处理，可较彻底杀灭培养料内的螨类。

（4）培养料或覆土拌药处理，出菇前可选用73%炔螨特乳油2 000～3 000倍液对培养料或覆土进行药剂处理。

（5）释放人工饲养的捕食螨进行生物防治。

三、印度螟蛾

（一）形态特征

印度螟蛾成虫（图5-9）体长5～10毫米，雌虫较雄虫体长，翅展约15毫米；头部灰褐色，头顶复眼具黑褐色鳞毛丛；下唇须发达，向前伸出；前翅狭长，略具铜质光泽；后翅灰白色，近半透明。螟蛾卵椭圆形，乳白色，一端稍尖，表面粗糙，具小颗粒状突起。幼虫成熟后体长可达13毫米，淡黄白色，腹部背面略淡粉红色，头部黄褐色；前胸及尾端淡黄褐色。蛹长约6毫米，细长，近橙黄色。

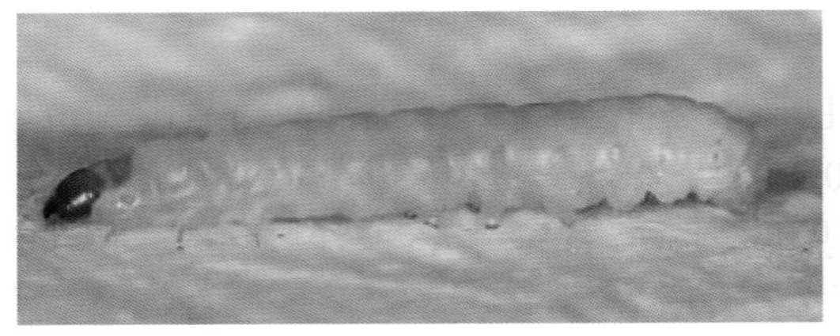

图5-9　印度螟蛾幼虫和成虫

（二）为害症状

印度螟蛾主要以幼虫蛀食为害。幼虫蛀食多种食用菌子实体和贮藏的食用菌干品（图5-10），造成食用菌子实体缺刻、孔洞、破碎和褐变，严重影响食用菌的栽培生产和商品性。其幼虫还取食多种仓储干品、糖果等。

图5-10　印度螟蛾蛀食食用菌干品

（三）发生规律

印度螟蛾每年可发生6代左右，最多可达8代，其适宜温度为25～30℃。气温高于30℃时，完成1代约需40天，其中幼虫期约20天，蛹期约10天，卵期约5天，成虫期约10天。雌虫产卵约150粒，主要产于菌盖或菌褶等部位，幼虫孵化即蛀食菌盖，随后蛀入菌褶中取食为害。老熟幼虫在仓库角落结茧化蛹越冬。

（四）防治方法

参照夜蛾的防控方法。

四、食丝谷蛾

（一）形态特征

食丝谷蛾，又名蛀枝虫。成虫（图5-11）体长5～7毫米，翅展约20毫米。体灰白色；触角丝状，头黑色，密被白色毛状物。卵乳白色至淡黄色，近球形至球形，光滑透明，直径约0.5毫米。幼虫初期体长0.4～0.8毫米，乳白色或淡黄色。老熟幼虫20毫米左右，头部棕黑色，中、后胸浅黄色。胸足3对，腹足5对。蛹为被蛹，棕黄色，头部黑棕色或深棕色，长约10毫米、粗约2毫米。

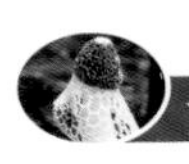

图5-11　食丝谷蛾成虫和幼虫

（二）为害症状

食丝谷蛾在北方食用菌栽培地区主要蛀食段木黑木耳、白木耳及香菇段木培养基等，在段木灵芝、蜜环菌棒、代料灵芝和平菇的培养基及菇体上也有为害。对覆土灵芝，食丝谷蛾可蛀食菇体，排泄物堆积于灵芝盖面（图5-12），整个菇体被蛀食一空；对平菇和培养基，它则是蛀入菌袋取食培养基和菌丝（图5-13），并将排泄物覆于隧道内壁，形成一条条黑色的蛀食通道。幼虫常聚集出菇口为害，致使原基和菇蕾被蛀空而无法出菇，且随之而来的排泄物污染会进一步引发杂菌污染等。虫口密度大时，每袋有5～10条幼虫，对食用菌产量造成巨大损失。

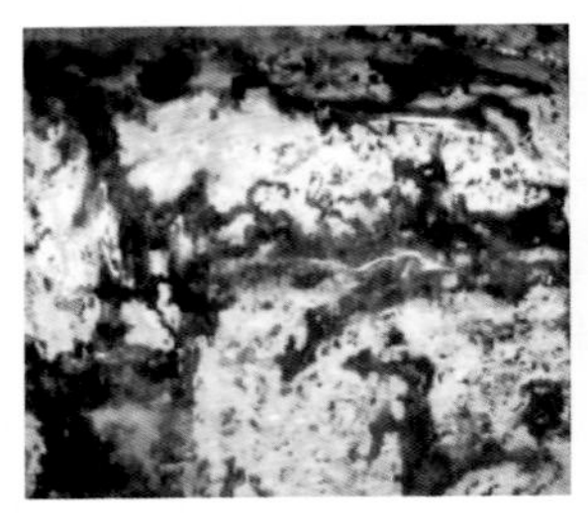

图5-12　菌袋为害状

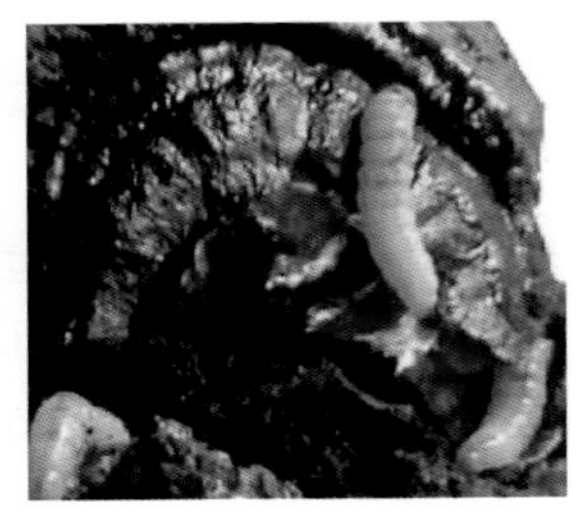

图5-13　灵芝为害状

（三）发生规律

食丝谷蛾在华东一带1年可发生2代。越冬幼虫在3月活动，为害出菇期菌袋，7—8月第二代成虫出现，此后8—10月即是第二代幼虫暴发期，为害也最严重。因此，同一个栽培场所连续出菇的菌袋受害最严重。在温度下降至11℃以下时，幼虫开始化蛹结茧。若气温回升，则幼虫又会开始取食。15～30℃时，谷蛾均有活动。平均温度25℃、空气相对湿度80%条件下，卵期约7天，幼虫期约45天，蛹期20天左右，成虫期约8天。雌虫一般产卵100粒左右。成虫将卵产在培养基表面和袋口处，初孵的幼虫能迅速爬入菌袋内取食菌丝和培养料，幼虫喜群集，往往同一个菌袋有多条幼虫。

（四）防治方法

（1）注意及时清除其越冬期的栽培垃圾，如废弃菇袋，尽量减少或彻底消灭越冬虫源。此外，清除菇场内的废菇木及其他废弃物，消灭越冬幼虫，也是减少虫源的重要手段。

（2）可根据食丝谷蛾的生活习性进行人工捕杀。

五、多菌蚊

（一）形态特征

多菌蚊属双翅目长角亚目菌蚊科多菌蚊属。该属有古田山多菌蚊、中华多菌蚊，俗称菇蚊或菇蛆。为害食用菌的主要害虫为古田山多菌蚊。成虫（图5-14）体长3～5毫米，膜翅基本与腹部等长，头嵌入胸末，不凸起，单眼通常远离眼眶，眼后无鬃毛，前胸背板上具稀疏刚毛，口器通常短于头部。虫卵通常椭圆形，白色发乳光。幼虫（图5-15）通常细长，可长达4～6毫米，白色，具一明显黑色头部。老熟幼虫大多直接在室内化蛹，有茧或无，一般在附近有菌的土壤里等黑暗场所进行。蛹期往往较短。

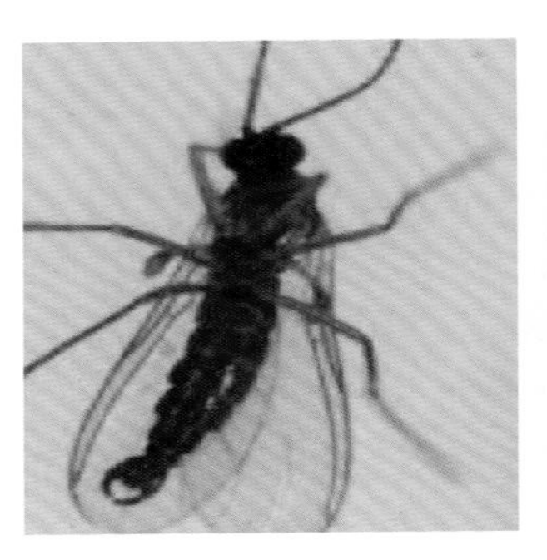

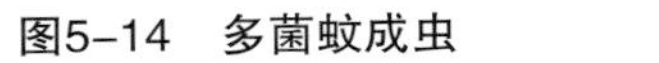

图5-14　多菌蚊成虫

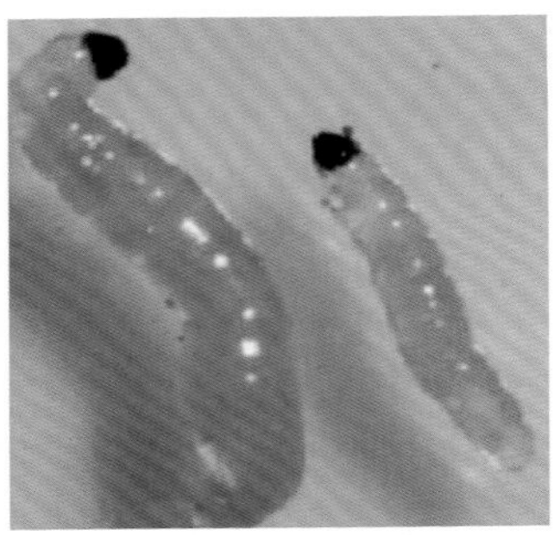

图5-15　多菌蚊幼虫

（二）为害症状

多菌蚊尤其喜食秀珍菇菌丝，钻蛀幼嫩子实体，造成菇蕾萎缩死亡（图5-16）。幼虫为害平菇（图5-17）、茶树菇、金针菇、灰树花时往往从柄基部钻入菇体，取食柄部组织，导致菇断柄或倒伏；为害黑木耳、毛木耳和银耳，导致耳片基部变黑并发黏，往往并发流耳和杂菌感染等。成虫虫体常携带螨虫和病菌，随着虫体活动而传播，造成多种病虫害同时出现，对生产的食用菌产品的产量和质量造成极大的损失。

图5-16　多菌蚊为害秀珍菇菌丝

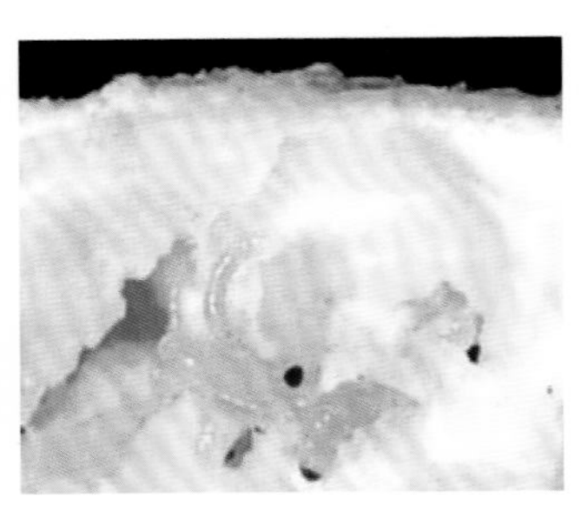

图5-17　多菌蚊为害平菇

（三）发生规律

多菌蚊是食用菌栽培中最重要的害虫之一。其幼虫直接为害食用菌菌丝和子实体，如蘑菇、平菇、黑木耳、姬松茸、杏鲍菇、金针菇、茶树菇、灰树花、白灵菇、毛木耳和银耳等多种广泛栽培品种都是多菌蚊的取食对象。古田山多菌蚊适宜在中低温环境中生活，温度5～32℃条件下都能完成正常的生活周期，以15～25℃为活跃期，适宜环境条件下成虫寿命可达3～5天。3—6月和10—12月是多菌蚊的繁殖高峰期。初孵化的幼虫为丝状，群集于水分较多的腐烂培养料内，随着虫龄增长向料内、菇体内钻蛀取食。

（四）防治方法

①搞好环境卫生。选择清洁干燥、向阳，周围无水塘、积水和腐烂堆积物的栽培场所，及时收集处理料面的菇根、烂菇等，减少虫源。②物理防控。在菇房门窗和通气口安装60目纱网，阻止成虫入内。利用频振式杀虫灯、黑光灯或高压静电灭虫灯诱杀。无电源的菇棚可用黄色的粘虫板悬挂于菇袋上方，待黏虫板粘满成虫后再继续换新板。③保证培养料消毒彻底，减少发菌期菌蚊繁殖量。④进行药剂防控时应慎重，力求对症下药。在出菇期密切观察料中虫害发生动态，当发现袋口或料面有少量多菌蚊成虫活动时，结合出菇情况及时用药，力求将外来虫源或栽培场地内的始发虫源灭绝，或能保当季生产不受该虫为害。施药时应注意在用药前将能采摘的菇体全部采收，并停止浇水1天。

六、广粪蚊

（一）形态特征

广粪蚊成虫（图5-18）体长约2毫米，黑亮，为小型粗壮蚊类。头部小，触角短、粗棒状，复眼发达。卵（图5-19）长0.1～0.2毫米，宽0.1毫米左右，初乳白色，孵化前变亮，长圆筒形，表面光滑。幼虫初灰白，长约0.3毫米；老熟后淡灰褐色（图5-20），长1.8毫米。头黄色，后缘具一黑边；触角棒状，具小分枝。蛹无茧，裸蛹，长1.7～3.2毫米，褐色，气门明显。

图5-18　广粪蚊成虫

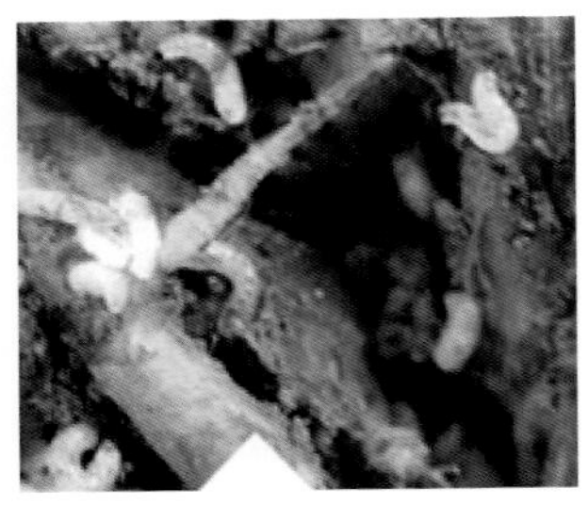

图5-19　广粪蚊卵

图5-20　广粪蚊幼虫

（二）为害症状

广粪蚊以幼虫为害多种菇类培养料、菌丝、原基和菇体。广粪蚊活跃期，毛木耳及平菇的耳片和原基易遭受幼虫为害，被害后造成培养基松散、黏糊、丧失出菇能力（图5-21）。耳片被害后造成缺刻、孔洞和流耳，并伴生绿霉等其他病原杂菌感染。

图5-21　广粪蚊为害状

（三）发生规律

15～30℃是广粪蚊活跃期，秋天为害较轻，而以春、夏季为害严重，主要以4—6月栽培的毛木耳和平菇受害最为严重。广粪蚊一般以老熟幼虫和蛹的形式在培养料中越冬，通常以蛹的形式越夏。

（四）防治方法

参照多菌蚊防控方法。

七、蚤蝇类

（一）形态特征

蚤蝇类成虫（图5-22）体长1.5～1.8毫米，体黑色，头部扁球形，复眼大，黑色，单眼3个。触角近短圆柱状，胸部大，腹部扁，头和体干上着生刚毛。膜翅多宽大，仅前缘基部具3条粗大的翅脉，其余较细微；幼虫（图5-23）为蝇蛆状，老熟幼虫体长2～3毫米，乳白色至蜡黄色。蛹无茧，裸蛹，长约2毫米，褐色，两头细，腹面平坦，背面略隆起，胸背具1对黄色角突。卵小，椭圆形，初乳白色，孵化前变亮，表面光滑。

图5-22　蚤蝇类成虫

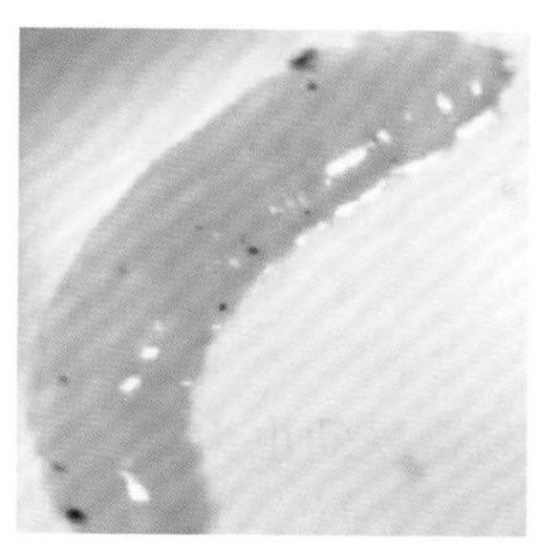

图5-23　蚤蝇类幼虫

（二）为害症状

蚤蝇主要以幼虫咬食中高温期食用菌菌丝和菇体。高温平菇在发菌期极易遭受幼虫蛀食，菌袋内菌丝往往被蛀食一空，只剩下黑色的培养基，使整个菌袋或菌包报废；若菌袋开袋后遭蚤蝇为害，则往往只长第一潮菇之后即报废；若在出菇早期为害，则蚤蝇钻蛀菇体，从菇柄基部蛀入，并向菇盖中心转移，造成菇体中空失去其商品性或使子实体萎缩、干枯失水而死亡（图5-24、图5-25）。在华东一带栽培的平菇，夏、秋季蚤蝇为害严重，常常使几个大棚连遭为害，不得不停产转移。

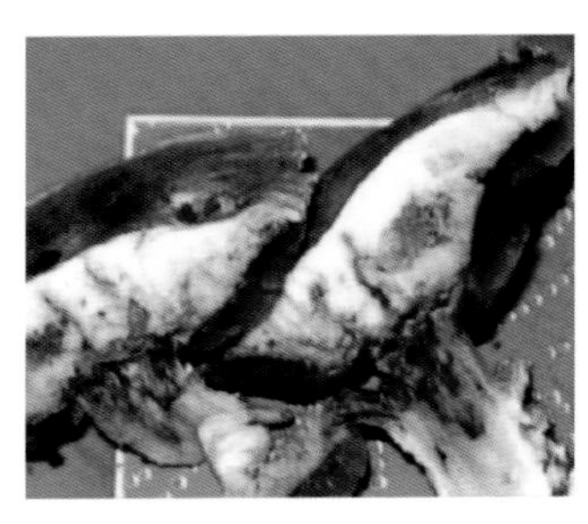

图5-24　蚤蝇为害平菇状　　图5-25　蚤蝇为害口蘑状

（三）发生规律

短脉异蚤蝇耐高温，3—11月是蚤蝇的活跃期。高温平菇、草菇、蘑菇、秀珍菇和鸡腿菇等是蚤蝇的取食对象，尤其是平菇和秀珍菇，但蚤蝇只蛀食新鲜的富含营养的菌丝，长过菇的菌丝或菌索尚未发现有被为害现象。食用菌在有大棚保温设施栽培条件下，春季的3月中旬、棚内温度达15℃以上时，开始出现第一代成虫。成虫不善飞行，但活动迅速，善于跳跃，在初开的袋口上产卵，7～10天后见到幼虫。幼虫钻蛀菌袋内取食菌丝。第二代成虫在4—5月产卵，到第三代以后出现世代重叠现象。在15～25℃条件下，35～40天繁殖1代。在30～35℃条件下，20～25天繁殖1代。幼虫期7～10天，老熟后钻出袋口，在培养基表面、袋壁和菇柄上化蛹。蛹期5～7天，成虫期5～8天，卵期3～4天。11月以后，蛹在土缝和菌袋中越冬。

（四）防治方法

①栽培房应远离田野，并及时铲除菇房四周杂草，减少蚤蝇的寄居场所。②不要将发病菌袋与出菇菌袋放在同一个栽培场所内，以免成虫进入出菇菌袋产卵为害，虫口密度大的菌袋可考虑及时回锅灭菌后再重新接种，以降低损失。③及时清除废料，对于虫源多的废料要及时运往远处晒干或烧毁处理，防止虫卵繁殖为害。④一旦发现袋口或菇床表面有成虫活动时，应及时喷药防治，如使用4.3%氯氟·甲维盐乳油（0.13～0.22克/100米^{2}喷雾）等低毒农药。物理防控方法参照多菌蚊防治。

八、黑腹果蝇

（一）形态特征

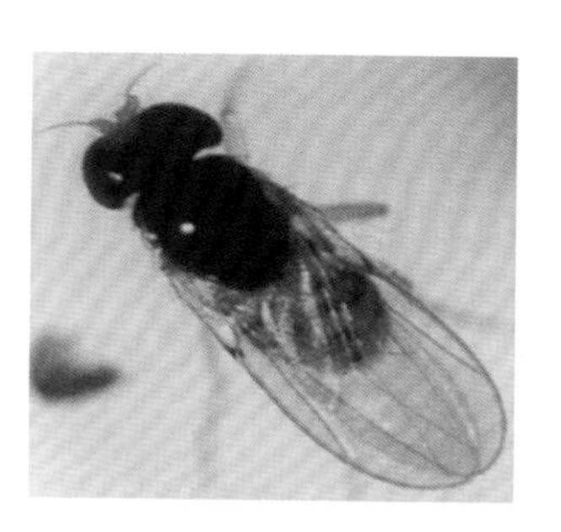

图5-26　黑腹果蝇成虫

成虫（图5-26）：雄成虫体长约2.6毫米，雌成虫体长约2.1毫米，体黄褐色，复眼红色；腹部末端有黑色环纹；雄成虫的腹部末端尖细，腹节背板后缘有黑色横纹，雌成虫腹部末端钝圆，腹部末端有黑色环纹；雌成虫前足跗节前端表面有黑色的性梳，而雄成虫前足跗节没有性梳。

卵：乳白色，香蕉形，长约0.5毫米，在卵壳背面的前端有一对隐约可见的触角。

图5-27　黑腹果蝇幼虫

幼虫（图5-27）：蛆形，乳白色，无足，无明显头部，体长4～5毫米。

蛹：围蛹，椭圆形，初蛹为乳白色，后期变为黄褐色。

（二）为害症状

主要以幼虫取食食用菌的菌丝和子实体，在食用菌培养料面上咬食菌丝，导致杂菌大量繁殖，使培养料变黑、变黏并形成大量粉末状物，从而影响食用菌菌丝正常生长和出菇，幼虫还会咬食食用菌的小菇蕾和菌柄，影响子实体形成和生长，严重时造成子实体发黄或萎缩枯死，为害部位常发生水渍状腐烂，造成食用菌的产量损失。黑腹果蝇主要为害双孢蘑菇、黑木耳、毛木耳、金针菇、平菇、香菇等食用菌品种。

（三）发生规律

黑腹果蝇成虫对腐熟的有机质有强烈的趋性，喜好在腐烂的水果、食用菌发酵培养料上取食和产卵，在产卵位置用前足支撑体躯，腹部弯曲并将产卵器插入腐殖质内产卵，然后再寻找产卵的位置，每次产卵2～8粒，卵呈散沙状分布，初孵低龄幼虫群集取食，老熟幼虫四处爬行取食并选择在较干燥的场所或菌袋壁上化蛹。黑腹果蝇在10～30℃都能产卵繁殖，15～20℃条件下，卵历期2～3天，幼虫历期5～8天，蛹期5～9天。

（四）防治方法

（1）在每年3—4月和9—10月集中喷洒1～2次农药，杀灭菇房、培养室及周围环境中的害虫，对控制全年大量发生为害极其重要。

（2）培养菌袋期间和菇房在使用之前，喷洒农药如1 250～2 500倍的溴氰菊酯等农药杀灭，但不能使用敌敌畏、水胺硫磷等农药，以免引起农药中毒，长成畸形链。

（3）出菇期间出现为害时，在腐烂子实体或烂水果中掺入农药，置盘中诱杀。

九、中华新蕈蚊

（一）形态特征

成虫（图5-28）：黄褐色，体长5～6毫米，头部淡黄色或黄色，有2个单眼，复眼较大，复眼约占头侧面的1/2，靠近复眼的后缘有一前宽后窄的褐色斑。触角褐色，触角的中间到头后部有一条深褐色纵带直穿单眼中间，触角长1.4毫米，基部2节黄色，有毛，第二节毛比第一节毛长约1倍，鞭节有14节，褐色；下颚须3节，褐色，第三节短于第一、第二两节之和；胸部发达，有毛，背板多毛并有4条深褐色纵带，中间两条长，呈“V”形；前翅发达，有褐斑，翅长5毫米，宽1.4毫米；足细长，基节和腿节均淡黄色，胫节和跗节黑褐色，胫节末端有1对距；腹部共9节，第一至第五节背板后端均有褐色横带，中部连有褐色纵带。

卵：褐色，椭圆形，顶端较尖，背面凹凸不平，腹面光滑。

幼虫（图5-29）：初孵幼虫体长1～13毫米，老熟幼虫体长10～16毫米；头黄色，胸及腹部淡黄色，共12节；第一节至末节均有一条深色的波状线相连接。

图5-28　中华新蕈蚊成虫

图5-29　中华新蕈蚊幼虫

蛹：初蛹为乳白色，后逐渐变成淡褐色，最后变为深褐色。蛹体长约5毫米，宽约2毫米。

（二）为害症状

中华新蕈蚊在双孢蘑菇、平菇等食用菌品种上发生为害较重（图5-30）。主要以幼虫取食食用菌的菌丝和子实体，导致杂菌繁殖生长，使食用菌的菌丝减少，造成不同程度退菌现象及培养料变黑、松软，影响食用菌的菌丝生长和正常出菇，出菇后，幼虫从菌柄基部蛀入子实体取食为害，造成蛀食隧道和咬食孔洞，有时也将菌褶吃成缺刻，被害子实体很快枯萎或腐烂（图5-31）。

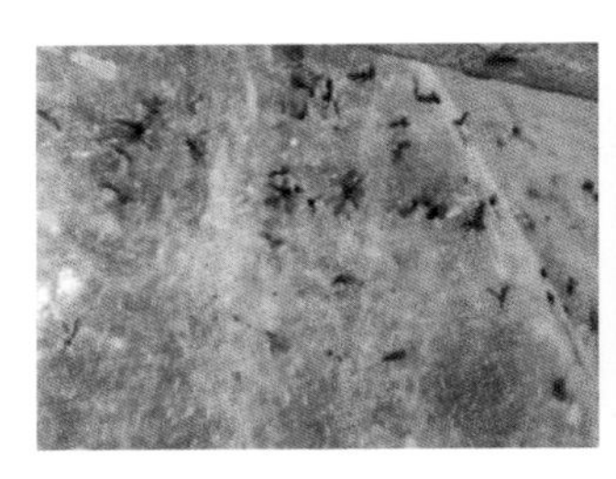

图5-30　中华新蕈蚊成虫群集在菇房周围

图5-31　中华新蕈蚊幼虫为害状

（三）发生规律

中华新蕈蚊成虫具有很强的趋光性和趋腐性，卵多产在培养料缝隙表面和覆土上，很少直接将卵产在子实体上，在22～30℃环境条件下，成虫寿命一般3～6天，平均4.5天左右，卵期4～6天，幼虫期一般5～7天，每雌产卵量一般为50～350粒；幼虫一般都在料面表面为害，不会深钻到培养料的内部，初孵幼虫在培养料或覆土面上爬行，头会不停地摆动，幼虫有群居为害的习性，一丛平菇周围常常有数十条幼虫群聚为害，老熟幼虫多在土层缝隙或培养料中做室化蛹；中华新蕈蚊喜好在15～25℃条件下活动取食，环境温度超过33℃时，幼虫不取食，成虫则死亡，每年春、秋两季是中华新蕈蚊发生为害高峰期，其幼虫的食性较杂，常群集在腐殖质丰富的垃圾场、废弃培养料、枯死菇等地方。

（四）防治方法

（1）栽培措施。菇房的门窗和通气孔装纱门、纱窗，防治成虫飞入菇房在培养料或原基处产卵繁殖，减少虫源。人工捕捉。中华新覃蚊有群居习性，因成虫和幼虫比较大，所以采菇后清理料面时应注意捕捉幼虫。成虫有趋光性，常常飞到菇房窗上或灯光附近停息或交尾，可用蝇拍扑打。

（2）药剂。发生严重时，喷洒敌百虫1 000倍液，对幼虫的致死率为100%，而对蛹的致死率为90%；500倍的敌百虫液对幼虫和蛹的致死率均达100%。

十、闽菇迟眼蕈蚊

（一）形态特征

闽菇迟眼蕈蚊，又称尖眼菌蚊，是一种发生频繁、寄主广泛、食性杂的害虫，可为害蘑菇、平菇、香菇、茶树菇、金针菇、银耳、黑木耳等多种食用菌，显著影响食用菌产量和质量。雄成虫（图5-32）体长2.7～3.2毫米，暗褐色，触角鞭四长为宽的1.6倍。前足胫梳（6根）排成一列。尾器基节宽大，末端较细，内弯，有3根粗刺。雌虫体长3.4～3.6毫米。虫卵长圆形，长0.24毫米，宽0.16毫米，初期淡黄色，半透明，后期白色，透明。幼虫（图5-33）初孵化体长0.6毫米，老熟幼虫6～8毫米，体乳白色，头部黑色，圆筒形。

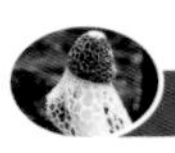

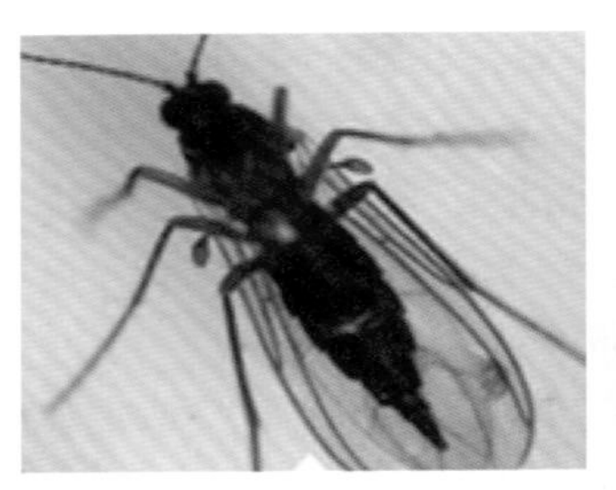
图5-32　闽菇迟眼蕈蚊成虫

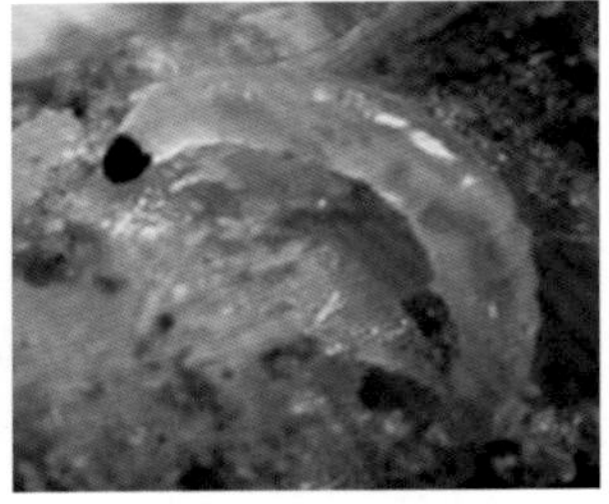
图5-33　闽菇迟眼蕈蚊幼虫

（二）为害症状

幼虫蛀食子实体的菌柄和菌盖，形成许多蛀洞或缺刻（图5-34）。被害部位颜色变黑，菇质呈现黏糊状（图5-35），继而感染各种病菌。闽菇迟眼蕈蚊严重发生时能将菇房里的菌丝全部吃光，使菌袋变成黑色，形成松散米糠状，造成不出菇或出菇减少等。

图5-34　蛀洞或缺刻状

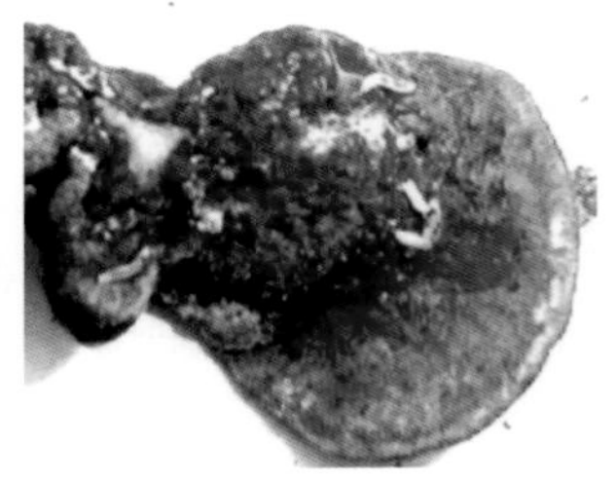
图5-35　菇质呈现黏糊状

（三）发生规律

闽菇迟眼蕈蚊喜在畜粪、垃圾、腐殖质和潮湿的菜园及花盆上繁殖，主要以幼虫为害蘑菇、平菇等多种食用菌，一般质地松软、柔嫩的品种受害较重。在福州地区闽菇迟眼蕈蚊一般自9月下旬到翌年3月初，多聚集在野外潮湿的菜园地和花盆上，一般一个生活周期为30～35天。

（四）防治方法

（1）环境卫生。种菇前要搞好菇房内外的环境卫生，清除残余菇根、弱菇、烂菇和垃圾。在菇房的门、窗和通气孔安装60目窗纱，预防成虫飞入菇房产卵繁殖。

（2）加强管理。选用健壮菌种，促进菌丝快速生长；采菇后要认真清洁料面，彻底清除残余菇根和烂菇，并带出菇房外集中深埋；严禁叠代栽培，旧菇房栽培新菇时彻底清除旧菌块；严禁菇类混栽，一个菇房内不要同时混种多种食用菌；科学管理水分，菇房浇水过多导致菌丝和菇蕾腐烂死亡，会诱发虫害。

（3）扑杀防治。用物理或化学方法杀灭害虫。成虫有趋光性，可用黑光灯诱杀。虫害严重时，采菇后用阿克泰水分散粒剂3 000～4 000倍液喷洒料面。

十一、黑光伪步甲

（一）形态特征

黑光伪布甲，又称鱼儿虫或黑壳子虫。成虫（图5-36）体型小，扁平或近长椭圆形，体长约10毫米、宽4～4.5毫米，刚羽化时近黄白色，成熟时渐蓝褐色或棕褐色，鞘翅常具青、蓝或紫色金属光泽。卵椭圆形，长近1毫米，乳白色，表面近光滑。幼虫（图5-37）体细长，成熟幼虫长可达12毫米，灰褐或棕褐色，背面黑色。蛹为裸蛹，初期乳白色，老熟后近黄白色。

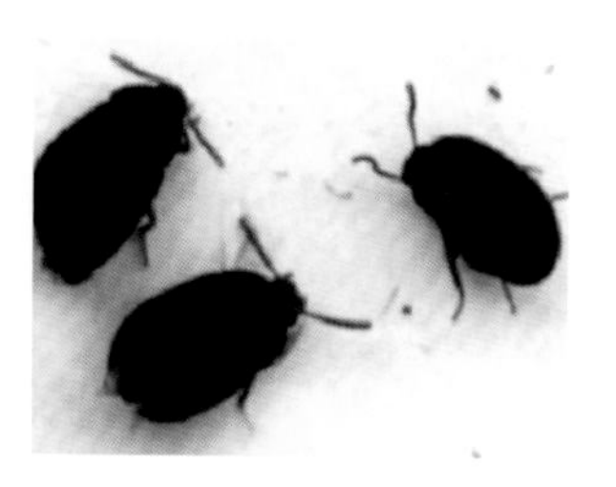

图5-36　黑光伪布甲成虫

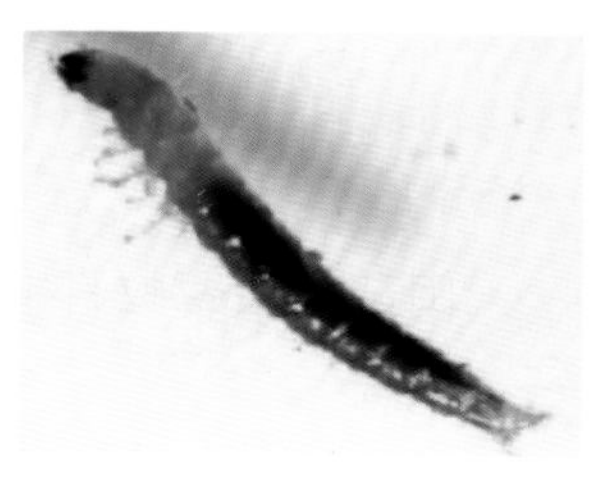

图5-37　黑光伪布甲幼虫

（二）为害症状

此虫在长江以北地区主要侵害段

木栽培的黑木耳，成虫和幼虫都能咬食成长期的木耳，致使被害耳片凹凸不平形成缺刻或孔洞，同时还能为害贮藏期的黑木耳。而在南方地区，黑光伪步甲的成虫和幼虫主要为害贮藏期的灵芝干品。灵芝被取食后，菌盖往往被完全吃成中空，内部充满绒毛状、类头发丝状的黑褐色粪便（图5-38）。

图5-38　黑光伪布甲为害状

（三）发生规律

在长江一带，黑光伪步甲1年可发生1～2代，成虫9月开始在树洞、栽培场所的缝隙或干菇内越冬，翌年4—6月出来继续取食为害和产卵。5—11月为幼虫活动期，其幼虫活动性大，食量也大，为害也最为严重。成虫擅长爬行，几乎不能飞翔，受惊常假死不动，往往群集，昼伏夜出。雌成虫产卵30～80粒。

（四）防治方法

①保持栽培场所的清洁卫生，及时清除废料和覆土层，铲除栽培房周围的杂草等，减少成虫越冬场所。②段木栽培木耳时，应注意保持木耳基部清洁，检查基部和耳片是否有被害症状，若发现虫害应及时防治。灵芝类在采收时应注意仔细检查，如发现有虫眼的灵芝子实体，应及时挑出处理，将芝体掰开或剖开找出虫体消灭，减少含虫菇体贮藏时为害的机会。③干菇等贮藏期发现黑光伪布甲虫体为害，可进行60℃烘干40分钟或置冰箱冷冻室冷冻10小时以上处理，以灭杀幼虫和成虫。

十二、脊胸露尾甲

（一）形态特征

脊胸露尾甲，又名米露尾虫。成虫（图5-39）体长2～3.5

毫米，卵圆形至近两侧平行，背面隆起，密被倒伏至半直立金黄至黑色刚毛，躯干淡栗褐色至更深，有光泽。头部宽大，触角11节，末端3节膨大近锤状。前胸背板宽，小盾片五角形，两鞘翅宽，表面无明显斑纹，端部近平截。卵近肾形，小，长近1毫米、宽约0.2毫米，初时乳白色，渐淡黄白色，表面光滑或略粗糙；幼虫（图5-40）初孵化时乳白色，近透明，长仅约0.5毫米，老熟后体长可达6毫米、粗约1毫米，淡黄白色，腹部或中段常肥大，表皮具光泽和密布细小尖突。蛹为裸蛹，黄色，长2～3毫米、粗约1毫米，初化蛹近乳白色，有光泽。胸、腹部明显具粗刺结构，刺上具微毛。

图5-39　脊胸露尾甲成虫

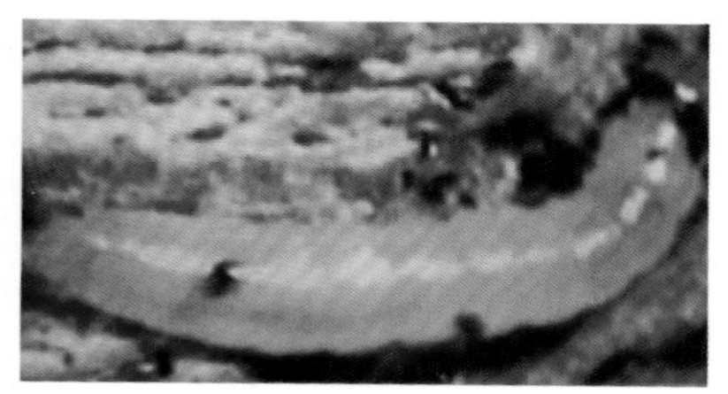

图5-40　脊胸露尾甲幼虫

（二）为害症状

脊胸露尾甲分布广泛，食性杂，幼虫蛀食多种仓储粮食、干果和干品食用菌，其中尤以干品的灵芝、香菇、木耳等食用菌为害最严重。低龄幼虫咬食菇体外表，成熟后蛀入菇体内部，被蛀食的菇体往往布满孔洞和内部通道（图5-41、图5-42），通道内充满黑褐色至黑色柱状粪便，严重时整个菇体被完全蛀空。

（三）发生规律

此虫在热带、亚热带地区1年可发生5～6代，主要以成虫于干菇产品内或仓储环境中的隐蔽处越冬。每年5—10月为脊胸露尾甲的活跃期。越冬成虫一般3月开始交尾产卵，每只雌虫产卵约200粒。据相关室内饲养观察数据：每代历期40天左右，卵期3～5天，幼虫期约20天，蛹期约8天。成虫寿命夏季约60天，冬季长达200天，世代重叠现象普遍。成虫喜静，行动迟缓，善飞行，喜傍晚或黄昏时飞出隐蔽处寻找食物，田间也能发现其生存，具趋光性、群居性和假死性等特点。

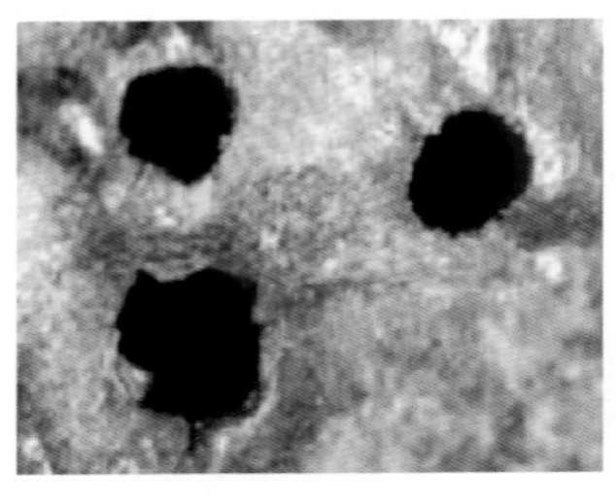
图5-41　为害形成的孔洞

图5-42　为害形成的通道

（四）防治方法

对于脊胸露尾甲的防控主要应做好以下3个方面：一是在蘑菇采收时，采收的产品应及时干燥包装，干燥后期温度控制在50～60℃，一般持续5～7个小时即可将产品携带的虫卵杀死。二是干燥的蘑菇产品应及时装入密封容器内，既防潮又可防止成虫进入产卵。三是在贮藏过程中发现脊胸露尾甲的踪迹，应将干品再次烘干，或放入冰箱于-5℃的环境中，持续5～7天，即可灭杀各虫态的脊胸露尾甲。

十三、食菌花蚤

（一）形态特征

食菌花蚤成虫（图5-43）体型小，近似长椭圆形，体长约2毫米，宽约1.8毫米。身体色暗，赤褐色或棕褐色；触角、唇须、颚须及足等均为淡褐色或棕黄色。体表及腹面密被灰白色短毛。幼虫（图5-44）呈圆筒状，或短而粗壮，通常短于10毫米，白色，具腹足。

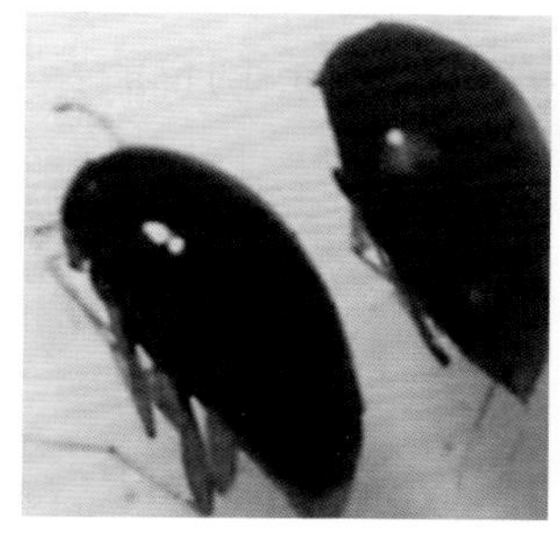

图5-43　食菌花蚤成虫　　图5-44　食菌花蚤幼虫

（二）为害症状

食菌花蚤是夏季高温时期侵害食用菌的甲虫。成虫群集于菇体表面，咬食菇体、培养基和菌丝。受害后的子实体常在菌盖造成孔洞和缺刻（图5-45）。球盖菇、灵芝等覆土栽培的食用菌在初夏季节常遭到食菌花蚤为害（图5-46），平菇、秀珍菇等高温菇受害尤其严重，毛木耳菌袋上也常能发现食菌花蚤为害菌丝和耳片。

图5-45　菌盖造成孔洞和缺刻　　图5-46　食菌花蚤为害灵芝

（三）发生规律

当温度在20～30℃，栽培场所湿度在85%以上，尤其是在光线较暗的菇房或大棚内，成虫常群集，虫口密度大，受惊后成虫迅速逃窜。

（四）防治方法

①注意对栽培环境的控制，如适当降低栽培场所的空气相对湿度、提高光线强度，能有效减少食菌花蚤的发生条件，从而有效降低此类害虫的为害程度。②在发现食菌花蚤时，及时采用药剂防治，以达到驱赶成虫、杀灭幼虫的目的。

十四、跳虫

（一）形态特征

跳虫又称烟灰虫、香灰虫、弹尾虫等。跳虫是一种低等昆虫，属不完全变态，只有卵、若虫、成虫3个发育阶段。

成虫（图5-47）形如跳蚤，肉眼难以看清，体长1.0～1.5毫米，淡灰色至灰紫色，有短状触须，身体柔软，常在培养料或子实体上快速爬行。

卵球形，直径0.08～0.1毫米，白色，半透明状。

幼虫（图5-48）白色，体形与成虫相似，休眠后蜕皮，银灰色，群居时灰色，如同烟灰，故又名烟灰虫（图5-49）。

图5-47　跳虫成虫

图5-48　跳虫幼虫

图5-49　跳虫群居状

（二）为害症状

跳虫类害虫体型微小，食性杂，为害广，取食双孢蘑菇等多种食用菌的菌丝和子实体，同时携带螨虫和病菌，造成菇床二次感染，常在夏、秋高温季节暴发。跳虫取食菌丝，导致菇床菌丝退菌；菇体形成后，跳虫群集于菇盖、菌褶和根部咬食菌肉（图5-50），造成菇盖遍布褐斑、凹点或孔道（图5-51）；排泄物污染子实体，引发细菌性病害；跳虫暴发时，菌丝被食尽，导致栽培失败；段木栽培的黑木耳，跳虫为害后造成流耳现象。跳虫类害虫主要为害双孢蘑菇、杏鲍菇、姬松茸、凤尾菇、平菇、香菇、草菇等食用菌品种。

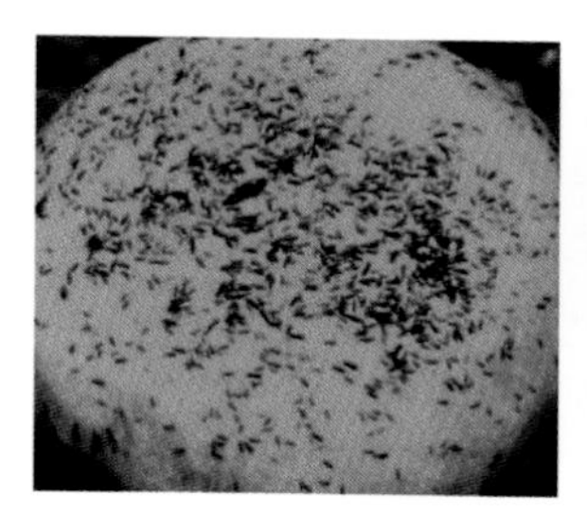

图5-50　跳虫群集于菇盖

图5-51　菇盖遍布褐斑

（三）发生规律

跳虫类害虫的主要习性是喜好在高温和潮湿的食用菌栽培环境中发生为害，个体极小，隐蔽性强，还能浮于水面运动，常群集为害；在外界温度达15℃以上时，跳虫开始活动，南方每年发生10代左右，每年3—11月是跳虫类害虫发生繁殖适期；在食用菌中以草腐菌类受害严重，春播的高温蘑菇和秋播的中温蘑菇、鸡腿蘑等覆土栽培的种类受跳虫为害尤其严重；蘑菇接种后，特殊的气味能吸引跳虫在培养料内取食产卵，未发酵彻底的培养料往往夹带有大量存活的虫卵；跳虫类害虫的成虫和幼虫均可取食为害，完成1代的时间为30天左右，每雌产卵量一般达100～800粒。

（四）防治方法

1. 清洁卫生，消灭虫源

（1）彻底清除制种场所和栽培场所内外的垃圾，尤其不要有积水，防止跳虫的滋生。

（2）跳虫喜温暖潮湿，但不耐高温，培养料最好采用发酵料，使料温达到65～70℃，可以杀死成虫及卵。

（3）菇房和覆土要经过药物熏蒸消毒后方可使用，菇房门窗要安装纱网。

2. 诱杀法

（1）跳虫有喜水的习性，对于发生跳虫的地方可以用水诱集后消灭。具体做法是用小盆盛清水，很多跳虫会跳于水中，第二天再换水继续用水诱杀，连续几次，将会大大减少虫口密度。

（2）用稀释1 000倍液的90%敌百虫加少量蜂蜜配成诱杀剂分装于盆或盘中，分散放在菇床上，跳虫闻到甜味会跳入盆中，此法安全无毒，同时还可以杀灭其他多种害虫。

3. 药物防治

对食用菌病虫害不提倡使用农药防治，应尽量采用其他方法，少用或不用农药，只有当虫害特别严重没有其他方法时再使用。

具体做法是如下。

（1）床面无菇时，可用0.2%乐果喷杀。

（2）出菇期可喷150～200倍液除虫菊酯。

（3）喷洒苦楝制剂。按苦楝皮：水=1：（3～5）的比例配制，混匀后熬1.5小时即成原药，用时稀释1倍，随配随用。

参考文献

陈全勇，2014. 图说食用菌生产与病虫害防治[M]. 南昌：江西教育出版社.
侯振华，2010. 食用菌病虫害与防治新技术[M]. 沈阳：沈阳出版社.
宋秀红，2016. 食用菌栽培技术[M]. 石家庄：河北科学技术出版社.
肖淑霞，2015. 食用菌无公害栽培技术[M]. 福州：福建科学技术出版社.
肖自添，何焕清，2017. 食用菌病虫害安全防治[M]. 北京：中国科学技术出版社.
张利媛，2011. 蘑菇和金针菇栽培与病虫害防治[M]. 呼和浩特：内蒙古人民出版社.
周会明，2017. 食用菌栽培技术[M]. 北京：中国农业大学出版社.